■ 花の万博 EXPO'90 の会場風景

「自然と人間との共生」理念を掲げた花の万博の会場写真（左：花の谷　右：大花壇）
（注）写真は，（公財）国際花と緑の博覧会記念協会より提供

■ オープンガーデンの緑

個人住宅の庭を公開したオープンガーデンの例（兵庫県三田市内）

■ 公開空地の緑

晴海トリトンスクエア（東京都中央区）　　　　NEC 本社ビル前（東京都港区）

■ 公開された屋上緑化施設

全農ビルの屋上緑化（千代田区大手町）　　　新交通会館屋上緑化施設（有楽町駅前）

■ 壁面緑化の癒し効果

大学構内のコンクリート壁面と緑化壁面を眺めた場合の心理的効果を計測

■ グリーンインフラとしての緩衝緑地

工場地帯と住宅地を土地利用区分する緩衝緑地の例（左：姫路市　右：横浜市）
（注）写真は，（独）環境再生保全機構より提供

自然と人間との共生

－ 都市の緑と環境保全 －

鈴 木 弘 孝

三省堂書店／創英社

序　文

　本書は，筆者が関係学会や大学の紀要に搭載した論文等を基に，全体を
「自然と人間との共生」を基軸として編集し，加筆したものである。

　第Ⅰ部では，1990（平成2）年に開催された国際花と緑の博覧会（「花の万
博 EXPO'90」）の主催者である（財）国際花と緑の博覧会協会に筆者が建設
省から出向し，政府出展施設の展示と運営準備，博覧会会場全体の計画と
建設にかかる調整等の業務にかかわった経験等を踏まえ，同博覧会が
1992年にブラジルのリオデジャネイロで開催された「国連環境と開発に
関する会議（UNCED）」（いわゆる「地球サミット」）より2年前に，「自然
と人間との共生」の理念を高く掲げて，国際社会に向けて発信した歴史的
意義とさまざまな理念継承事業等を通じて，今日では「持続可能な社会」
を実現していくための主軸となる概念を形成していることの環境政策にお
ける意義を論じている。中でも，都市の緑化部門においては，同博覧会が
建物の屋上や壁面等の立体緑化などの緑化技術発展の契機となったこと，
市民レベルにおいても緑化意識の高揚に裏打ちされたガーデニングの普及
や花と緑のまちづくりの推進が促進されたこと等における「公」概念の拡
大などに言及した。

　第Ⅱ部では，江戸期に大名庭園の構築等の中で興隆を見せ，植木屋の普
及，品種，栽培技術や観賞作法などの面から市民レベルに至るまで，独自
の園芸文化を形成した伝統園芸植物が，江戸から明治へと移行し，東京の
都市構造と経済・産業構造が近代化を急速に進め，今日では日本人の園芸
や緑化に対する意識も大きく変化する中で，その保存と継承が適切に行わ
れずに，一部の品種では消失の危機に瀕している現状と課題，今後講ずべ
き対策等について，日本の主要な植物園と保存活動を行っている団体を対
象に行ったアンケート調査の結果に基づき検討を行った。

第Ⅲ部では，公開空地の緑，屋上緑化施設の公開，壁面緑化の心理的効果について検討を行った。

　第1章では，過密化した東京都心部において都市公園等の公的な緑とオープンスペースの量的な拡充が困難な状況の中，都市再生などの大規模再開発などに伴い創出された公開空地の緑に着目し，時系列で公開空地のストックの変遷をたどりつつ，都市の緑とオープンスペースのストック形成に果たした意義とその特性等について検証した。

　第2章では，近年，ヒートアイランド現象の緩和等環境緩和策として大都市市街地の建物の屋上で普及しつつある屋上緑化施設について，アンケート調査を基に公共施設と民間施設との比較により公開の実態と課題を整理した。

　第3章では，建物の壁面緑化の癒し等心理的効果について，POMS試験とSD調査等を基に，これまで研究蓄積の乏しい歩行状態での効果を座位(静止)状態との比較により検証した。この章は，「あとがき」に記した日本緑化工学会における2019年度大会の学会誌に掲載された口頭発表論文を下にまとめているが，大会論文では紙面の都合から，掲載できなかったSD調査の結果を示すグラフとそれに伴う解説を加筆している。

　第Ⅳ部では，戦後の高度経済成長期において発生した産業公害を防止するため，住宅・市街地と工場地域との間に緩衝緑地を整備してきた共同福利施設建設譲渡事業を取り上げ，公害防止対策として当該事業がわが国の環境行政に果たした意義と役割について検証を試みた。

　第1章では，当該事業創設の社会背景を踏まえた制度の意義と特色を整理し，公害防止事業団という専門機関の下で，国からの補助金等の財政支援措置と，事業団による技術支援措置の点から，早期の事業発現効果について同等規模の都市公園と比較・検証した。この事業手法は，財政力基盤と緑地整備の技術者を有しない地方公共団体にとって，公害対策として整備の緊急性を有する緩衝緑地を早期かつ的確に整備し，緑地の環境保全効果を発現させる上での有効性について検討を行った。

　第2章では，前章での検証を踏まえ，主として事業効果の側面から共同

福利施設建設譲渡事業のうち緑地規模の大きい姫路地区を事例に取り上げ，環境事業団で開発された確率効用モデルを適用して，事業の費用対効果について経済価値分析を行い，投資に見合った効果発現がなされていたかどうかについて検証を行った。

　第3章では，共同福利施設建設譲渡事業により整備された緩衝緑地の樹林形成に独自に適用された「パターン植栽」の手法に着目し，緑地の施工後約30年の時間経過に伴う樹林構造の変容について実地調査を行い，事業当初に想定していた高木層，中木層，低木層から成る「多種多層林」が形成されていたかどうかについて検証を行った。

　第4章では，公害防止事業団の創設以来環境事業団への移行後も，わが国の緩衝緑地をほぼ一元的に整備してきた共同福利施設建設譲渡事業が2000（平成12）年に実施された財政投融資改革とこの改革と一体的に進められた特殊法人等改革において，廃止に至った経過を当時の行政資料等に基づいて記述するとともに，当該事業方式の特性である財投資金による財政的支援措置と緑化技術による技術的支援措置は，環境対策としての緊急性を有するグリーンインフラ整備の点から，中国での大気汚染対策等への応用可能性が高いことについて論じた。

　今日では，緑地のレガシーとなりつつある緩衝緑地ではあるが，近年の都市のヒートアイランド現象の顕在化や多発するゲリラ豪雨の多発等により都市環境が大きく変容する中にあって，「グリーンインフラ」としての都市基盤となる緑の重要性が再評価されつつある昨今の都市行政において，持続可能な都市の骨格を構成する緑地のストックとしての価値と有用性は高まっていると考えられる。

　以上が本書のあらましである。

　本書のサブタイトル（副題）を「都市の緑と環境保全」とした。対象とした空間としての都市の緑は，これまで筆者がかかわった花の万博EXPO'90の業務や国土交通省退官後に勤務した（財）国際花と緑の博覧会記念協会での実務経験に基づきまとめた論考，環境事業団での緩衝緑地の整備事業について「廃止か民営化」が問われた特殊法人等改革での行政改

革事務局との協議の過程をまとめた経過と論考，（独）建築研究所勤務時代に関係学会に発表した学術論文，城西国際大学に教員として奉職した際に取りまとめた大学紀要等の原稿を基に加筆・修正し，編集したことから，扱っている都市の緑は限定的であり，都市の緑全体について包括的・体系的な構成とはなっていない。

　しかしながら，本書のタイトルである「自然と人間との共生」は，筆者が花の万博 EXPO'90 での業務経験を通じて得た都市の緑への「基本的な視座」を成していることから，今後，地球温暖化を防止し，SDGs による「持続可能な都市」を構築していく上においても，普遍性を有している課題と考え，あえて本書のタイトルとして設定した次第である。

　本書は，筆者が一人の行政マンとして，あるいは一人の研究者として，そして何よりも一人の造園技術者(ランドスケープ・アーキテクト)として奔走し，悪戦苦闘した小さな足跡でもある。

　　　　　　　　　　　　　　　　　　　　　　　　　鈴木　弘孝

自然と人間との共生 —都市の緑と環境保全—

— 目 次 —

第 I 部　自然と人間との共生

―「花の万博 EXPO'90」理念の継承―

1. 国際花と緑の博覧会 EXPO'90 の開催概要

　国際花と緑の博覧会(「花の万博 EXPO'90」)は，国際博覧会条約に基づき，国際博覧会事務局(BIE)の承認を得て開催された「特別博覧会」として位置づけられ，わが国では 1970(昭和 45)年に開催された日本万国博，1981(昭和 56)年の沖縄海洋博，1985(昭和 60)年の筑波科学技術博に次ぐ，4 番目の国際博覧会であった。加えて，国際園芸家協会(AIPH)で承認を得て東洋で初めて開催された大国際園芸博覧会(A1 クラス)であった。博覧会の会場は，大阪市の都市公園である鶴見緑地を中心に周辺部も含めた区域を対象とし，会場の面積は駐車場等の関連施設を含めて約 140ha であった。

　博覧会の会期は，1990(平成 2)年 4 月 1 日から 9 月 30 日までの 183 日間にわたり開催された。会期中の目標入場者は数 2,000 万人を想定したが，実際の入場者数は目標を大きく上回り 2,300 万人余に達した。

　この花の万博 EXPO'90 で提唱された基本理念を集約したテーマが「自然と人間との共生」である。会場計画では，現況の敷地特性を活かして，会場全体が「山のエリア」，「野原のエリア」，「街のエリア」の三つのエリアに区分され，各エリアに則して，それぞれ「山のエリア」には国内外の出展庭園，政府出展，日本庭園等，「野原のエリア」には花の谷，花桟敷，大阪市と大阪府の出展施設，国際展示水の館等，「街のエリア」には企業パビリオンやアミューズメント施設等が計画的に配置され，パビリオン中心の博覧会会場から転換してパビリオンの屋内外が一体化し，会場全体で基本理念が具現化される会場づくりが志向された[1](図 1.1 参照)。

　本稿では，花の万博の基本理念である「自然と人間との共生」の概念について触れた後に，この理念がその後のわが国の環境政策や花と緑のまちづくり形成に果たした社会的な意義と効果について，代表的な事例を紹介しながら検証する。

図 1.1　花の万博　会場全体図[1]

◆ 国際花と緑の博覧会 EXPO'90 の開催概要[2]

1)　会期：1990（平成 2）年 4 月 1 日〜 9 月 30 日（183 日間）

2)　会場：鶴見緑地（大阪市）

　　会場面積：約 140 ha（駐車場・関連施設含む）

3)　ねらい：花と緑と人間生活のかかわりをとらえ，21 世紀に向けて潤いのある豊かな社会の創造を目指す。

4)　テーマ："自然と人間との共生"

5)　入場者：約 2000 万人（想定）

6)　入場券（普通入場券）：大人（18 歳以上）2990 円　中人（15 〜 17 歳）1550 円　小人（4 〜 14 歳）820 円

7)　公開時間：下表のとおり

期間	会場全体	パビリオン
平成 2 年 4 月 1 日〜 26 日	9：30 〜 22：00	9：30 〜 22：00
平成 2 年 4 月 27 日〜 9 月 30 日	9：00 〜 22：30	9：30 〜 22：00

2. 花の万博 EXPO'90 の基本理念

　花の万博 EXPO'90 の基本理念では，「20 世紀の産業文明の発展は，今あらためて，あの花と緑に象徴された，自然の生命の偉大さを再認識させている。緑こそは，無機物を有機物に変え，生命を育む力である。花はこの隠れた力の優美な表現であり，生命そのものの讃歌である。これを愛し敬うことは，自然と生命を共有する人間の心の本能であり，人間相互の尊重，世界平和への願望のもっとも素朴な基礎だといえる。[3]」との基本的認識に立脚し，花の万博を「産業思想の転換を紹介し，産業と生命，文明と自然が対立者ではなく，本来，調和しあう存在であることを確認する場所[3]」と位置づけている。

　この基本理念を包括的にとらえ，博覧会のテーマとして集約した概念が，いわゆる「自然と人間との共生」である。基本理念が定められた後も，博覧会の準備段階では「自然と人間との共存」という語が使用された時期も見られたが，博覧会当時の国際花と緑の博覧会協会事務総長であった大塩洋一郎[4]は，「共存」が「単に相手と一緒に生きる」という概念にとどまるのに対して，「共生」は，「人間もまた自然の一部であって，自然のサイクルの中で，共に生き共に滅び行くもの」という考え方を根底に，「我は常に対者(例えば自然)を内包しており，相手との関係において自分も存在する」という考え方を重視し，「自然と人間との共生」という概念に統一させている。このことを，大塩[4]は「すぐれて東洋的であり，特に日本人の自然観に深く根付いている」と記している。当時の博覧会協会の印刷物をたどると，1986(昭和61)年に発行された開催案内パンフレット[5]では「自然と共存する産業社会」という言葉が使用されているが，1987(昭和62)年以降に発行されている印刷物[5]では，花の万博が「自然と人間との共生のあり方」を 21 世紀に向けて探求する場であるという考え方に統合されている。

　「共生」は，仏教用語では「ともいき」とも読まれ，「生物も非生物もすべては縁(よ：筆者補足)って存在し，変化する。そのことによってすべての物はつながり，互いに支え合っている」[補注1]という考え方であり，もと

もとは，法然上人が師と仰いだ中国・唐時代の善導大師の一文「願共諸衆生往生安楽国」の「願共」の「共」と「往生」の「生」を合わせて「共生（ともいき）」と表現している[補注2]。異種の生物が行動的・生理的な結びつきをもち，一所に生活している状態を指す生物学の用語である「共生（Symbiosis）」とは同義ではない。

黒川[6]は，その著『共生の思想』において，善と悪，精神と物質，科学と芸術，機能と形態等，西洋文明の合理主義精神を支えた二項対立による二元論の限界を指摘し，世界や多様な文化がそれぞれの違いを認め，対立を含みながらも共生していく流動的な多元論の必要性を展開した。この書の中で，黒川は「自然と人間との共生」に触れ，日本の建築と庭園を西洋と比較しつつ，自然に溶け込み，自然と連続する生活様式として紹介し，これからの都市における共有空間の必要性を指摘した。すなわち，花の万博が探求した自然との「共生」の理念は，日本人が古来より自然を畏れ敬い，自然の営力に寄り添いながら，日々の営みを持続していく中で体得してきた自然観に根ざしており，自然と人間存在とを二項対立的に捉え，征服すべき対象として認識する西洋的自然観[6]とは対極をなす考え方である。こうして，花の万博 EXPO'90 のテーマ「自然と人間との共生」は，万博の理念を最も象徴的に表現する考え方として，万博の開催を通じて国の内外へと広く発信されることとなった。

第1回のロンドン万博以降に開催された国際博覧会が，人類がなし遂げた科学技術の粋と産業の発展，文明の成果を高らかに歌い上げた祭典であったのに対して，花の万博 EXPO'90 は，折からの地球環境問題への関心が国際的に高まりつつある中で，国際園芸博覧会の枠組みを超え，「自然」と「人類」の関係性を問いかけた初めての国際博として，国際博覧会の歴史に一大転機を画したと言えよう。梅棹忠夫[7]は，「花の万博は，自然を征服し，自然を操作する栽培技術ないしは園芸技術の成果を展示するよりは，多様に展開する自然そのものと人類との調和的共存関係を確認しようとするものであった。—中略—この点に花の万博の文明史的意義があったといわねばならないであろう。」とその意義を記述している。梅棹は，花の万博以前に開催された国際博が，専ら科学技術の成果と未来への可能性

を展示し，科学技術による人類の進歩を予見させ，謳歌することに主眼が置かれた「科学技術至上主義」であったのに対して，花の万博が科学技術の枠組みにとどまらず，自然と人間の関係性に対する根源的な問いかけをしたことに歴史的意義を見出したのである。花の万博では，花と緑に象徴される地球上の全ての生命と人類とのかかわりについて想いを至し，「自然と人間との共生」という理念を日本から全世界に向けて発信したのである。花の万博以後に開催された国際博覧会において，「環境」への配慮が当然の開催要件となるとともに，博覧会の枠組みにとどまらず，地球温暖化の防止や生物多様性の保全等，国際社会との協調の下で，持続可能な社会（sustainable society）の形成を具現化していく上において，その主軸をなす概念として定着していくこととなる。以下に，内外の環境政策の推移を俯瞰しつつ，わが国の環境政策における花の万博 EXPO'90 の理念の波及とその普及の軌跡を概括的にたどることとする。

3．わが国の環境政策と花の万博理念の波及

　花の万博 EXPO'90 が開催された 1990（平成 2）年当時は，レスター・R・ブラウンの「地球白書[8]」が刊行されるなど，人間行動が引き起こした地球環境の異変に対して警鐘が鳴らされ始めた時期の中にあった。「自然と人間との共生」の理念を掲げた花の万博 EXPO'90 は，来たる 21 世紀が人間中心の科学万能主義から脱却し，かけがえのない自然との調和的共存なくして，宇宙船地球号の安全な航行はありえないことを，従来の国際園芸博覧会の枠組みを超えて，広く国内外に発信した博覧会であった。花の万博が訴求した「自然と人間との共生」の理念が，1992 年にブラジルのリオデジャネイロで開催された「環境と開発に関する国際連合会議（UNCED : United Nations Conference on Environment and Development，いわゆる「地球サミット」）」に先駆けてグローバルに国際社会に提起されたことに万博理念の先見性と普遍性の観点からも極めて意義深いものを見出すことができる。

　地球サミットでは「持続可能な発展（sustainable development）」がキー

ワードとなり、「環境と開発に関するリオ宣言」、行動計画である「アジェンダ21」等が採択されるとともに、気候変動枠組み条約、生物多様性条約が会議の直前に採択され、サミットの場で署名が開始された[9]。「持続可能な発展(sustainable development)」は、国連に設置された「環境と開発に関する世界委員会」(通称「ブルントラント委員会」)のレポート「我ら共有の未来(Our Common Future)」において、「将来の世代が自らの欲求を充足する能力を損なうことなく、今日の世代の欲求を満たすような開発をいう。[10]」と定義された。

地球サミットを契機として、1993(平成5)年にはわが国において「環境基本法」が制定され、同法に基づいて1994年に策定された第1次の「環境基本計画[11]」では、環境政策の理念を実現し、「持続可能な社会」への転換を図っていくための長期目標の一つに「共生」が掲げられ、「社会経済活動を自然環境に調和したものとしながら、自然と人との間に豊かな交流を保つなど、健全な生態系を維持、回復し、『自然と人間との共生』を確保する」ことが位置づけらた。

この長期目標は、2006(平成18)年に策定された第3次の「環境基本計画」まで踏襲され、2012(平成24)年に策定された第4次の同計画[12]において、2011年の東日本大震災による大規模な災害を経て、環境行政の究極目標である「持続可能な社会」を「低炭素」・「循環」・「自然共生」の各分野を統合的に達成することに加え、「安全」がその基盤として確保される社会であると位置づけている。

このように、わが国の環境政策の基本的な方向として、「自然との共生」は今後「持続可能な社会」を形成していく上において、主軸をなす概念として重要な位置を占めるに至っている。

一方、生物多様性については、「生物多様性条約」に基づきわが国では1995(平成7)年10月に生物多様性の保全と持続可能な利用のための国の方針と施策等を定めた「生物多様性国家戦略[13]」が策定されている。2002(平成14)年3月に「新生物多様性国家戦略[14]」が策定された後、2007(平成19)年3月には「第三次生物多様性国家戦略[15]」が決定されている。「新生物多様性国家戦略[14]」では、生物多様性の三つの危機を指摘し、里山等

かつて薪炭林として，人が手を入れて維持されてきた多様な自然が，エネルギー革命などを機に人の関与が縮退したことによって，すなわち自然と人間との共生が行われなくなって，種の減少等生物多様性が損なわれている状況を「第二の危機」ととらえている。さらに，第三次の国家戦略[15]では，「自然と共生してきた日本の知恵と伝統」に触れ，豊かな生物多様性を将来にわたって継承し，その恵みを持続的に享受できる社会を「自然共生社会」と位置づけ，今後重点的に取り組むべき施策の方向性として「地域における人と自然の関係を再構築する[15]」ことを基本戦略に位置づけている。

2007年6月に閣議決定された「21世紀環境立国戦略[16]」では，「人類の生存基盤である生態系を守るという観点からは，生物多様性が適切に保たれ，自然の循環に沿う形で農林水産業を含む社会経済活動を自然に調和したものとし，また様々な自然とのふれあいの場や機会を確保することにより，自然の恵みを将来にわたって享受できる「自然共生社会」の構築が必要である。」と提唱され，「持続可能社会」を形成していく上で，「低炭素社会」，「循環型社会」とともに総合的に取り組むべき主要な政策課題として位置づけられた。

2008（平成20）年に制定された「生物多様性基本法[17]」では，第1条の法律の目的において「生物の多様性の保全及び持続可能な利用に関する施策を総合的かつ計画的に推進し，もって豊かな生物の多様性を保全し，その恵沢を将来にわたって享受できる自然と共生する社会の実現を図り，合わせて地球環境の保全に寄与すること」として，「自然と共生する社会の実現」が法律で明確に規定されたのであった。

2010（平成22）年10月に愛知県名古屋市で開催された生物多様性条約第10回締約国会議（COP10）の成果として採択された戦略計画である「愛知目標」のうちの2050年までの長期目標として，「自然と共生する（living in harmony with nature）世界」が位置づけされ，具体的には「2050年までに生物多様性が評価され，保全され，回復され，そして賢明に利用され，それによって生態系サービスが保持され，健全な地球が維持され，全ての人々に不可欠な恩恵が与えられる[18]」世界であるとしている。この会議の

際に，わが国から提唱された「里山イニシアチブ[19]」とともに，わが国が古来より，里山等二次的自然との関係の中で，自然の多様性を維持しつつ，持続的な生活を営んできた日本人の考え方や知恵が国際的に高く評価されたことを反映したものと言えよう。

以上述べたように，「持続可能な社会」を実現していく上で，花の万博 EXPO'90 が提起した「自然と人間との共生」の理念は，今日ではわが国の主要な環境政策を遂行していく上において，その骨格となる重要な概念としての位置を占めるに至っている。

4. 花の万博理念の継承と普及事業の例

表 1.1 は，花の万博 EXPO'90 の理念継承事業とその時々の関連する内外の環境政策について，推移をまとめたものである。以下に，理念の継承と普及に関する具体の事業展開並びに理念の継承に果たした役割について概説する。

4.1 コスモス国際賞

花の万博 EXPO'90 の理念を継承させるための組織として，博覧会終了後に（財）国際花と緑の博覧会記念協会[補注3]が設立され，理念継承の主要事業として，「コスモス国際賞」という授賞事業が開始された。この賞は，「花と緑に象徴される地球上のすべての生命体の相互依存関係およびこれらの生命体と地球との相互依存，相互作用に関し，地球的視点からその変化と多様性の中にある関係性，総合性の本質を解明しようとする研究活動や業績であって，『自然と人間との共生』という理念の形成発展にとくに寄与すると認められる個人または団体[20]」に対して授与されるものであり，これまで学術研究の面で国際的にも顕著な業績を上げられた著名な研究者やチームが表彰されている。

4.2 全国規模の花と緑のイベントの開催

花の万博 EXPO'90 の会場において，博覧会開催中の 1990（平成 2）年 4

表 1.1　理念継承事業と内外の環境政策の推移

年 . 月	理念継承事業関連事項	内外の環境政策の動き
1990.4 ～ 9	国際花と緑の博覧会開催 第 1 回緑の愛護のつどい開催	
1991.3	（財）都市緑化技術開発機構設立 （財）日本花普及センター設立 ・第 1 回全国花のまちづくりコンクール開催 ・第 1 回ジャパンフラワーフェスティバル開催	
1991.11	（財）国際花と緑の博覧会記念協会設立	
1992.3		気候変動枠組条約採択
1992.5		生物多様性条約採択
1992.6		環境と開発に関する国連会議（地球サミット）開催 ・気候変動枠組条約署名開始 ・生物多様性条約署名開始
1993.10	第 1 回花の万博記念「コスモス国際賞」	
1993.11		環境基本法制定
1994.12		第一次環境基本計画（閣議決定）
1995.4 ～ 6	花フェスタ '95 ぎふ開催	
1995.10		生物多様性国家戦略（閣議決定）
1997.12		気候変動枠組条約第 3 回締約国会議（COP3）開催・京都議定書採択
2000.3 ～ 9	ジャパンフローラ 2000 開催	
2000.12		第二次環境基本計画（閣議決定）
2002.3		新生物多様性国家戦略（閣議決定）
2004.4 ～ 10	浜名湖花博開催	
2006.4		第三次環境基本計画（閣議決定）
2007.3		第三次生物多様性国家戦略（閣議決定）
2007.6		21 世紀環境立国戦略（閣議決定）
2008.5		生物多様性基本法制定
2010.3		生物多様性国家戦略 2010（閣議決定）
2010.10		第 10 回生物多様性条約締約国会議（COP10）開催 ・愛知目標・名古屋議定書・里山イニシアチブ
2012.4		第四次環境基本計画（閣議決定）
2012.9		生物多様性国家戦略 2012-2020（閣議決定）

月29日には，天皇皇后両陛下のご臨席を賜り，第一回「緑の愛護」のつどいが開催された。翌1991(平成3)年より全国の国営公園を会場として，皇太子殿下のご臨席の下で「緑の愛護」のつどいが緑の週間に開催され，2007(平成19)年からは各都道府県の都市公園を会場として毎年開催されている[21]。

　また，万博後に理念を継承・発展させるため花卉業界が主体となって1991年に設立された(財)日本花普及センターでは，1991年より全国的な花卉の普及活動を「花の国づくり運動」として展開するため，各都道府県持ち回り方式で「ジャパンフラワーフェスティバル(JFF)」を開催してきた。JFFは，全国の花卉関係者が花の普及に関する技術やアイデアを競うとともに，花卉生産・利用技術の向上等を図る日本最大級の花の普及イベントとして定着した。そして花の万博の20周年記念に当たる2010(平成22)年4月に(財)国際花と緑の博覧会記念協会が主催した「花の万博20周年記念事業」の一環として，花博記念公園鶴見緑地内の「水の館ホール」において花卉関係団体の参加協力を得て実施し，万博から20周年目を節目に，理念継承と花卉園芸分野の普及促進に大きな足跡を残して事業の終息を見ている。

　一方，1995(平成7)年4月26日から6月4日までの40日間にわたり岐阜県営可児公園(可児市)を会場として，「花フェスタ'95 ぎふ」が「未来へ－花・夢・人」をテーマに開催された。この催しは，花の万博とその理念を継承して，1990年より県内で実施された「花の都ぎふ」運動の5周年を記念して開催され，自然の大切さを認識し「自然と人間との共生」のための知識を得る場とすることを意図して開催されたものである。会場となった県営可児公園には花トピア(岐阜県花き総合指導センター)が設置されており，花の都ぎふ運動の中核拠点と位置付けられていた。岐阜県はバラの苗の生産量日本一を誇っており，イベントの目玉として日本最大級のバラ園が整備された。来場者数は当初50万人を見込んでいたが，予想を遥かに上回る約191万人の来場者が訪れた[補注4]。

　2000(平成12)年3月18日から9月17日までの184日間にかけては，兵庫県淡路島の国営明石海峡公園及びその周辺を会場として，国際園芸・造園博「ジャパンフローラ2000[補注5]」(通称「淡路花博」)が「人と自然の

コミュニケーション」を開催テーマに開催され，会期中690万人余が訪れた。淡路花博では，「人と自然のコミュニケーションのあり方を，豊かな自然環境の象徴である花と緑を通じて考え，生きとし生けるものへの「共生」の心を広げていくこと」を基本理念に掲げており，花の万博の「共生」理念の発展的継承イベントとしてとらえることができよう。

　さらに，2004（平成16）年4月8日から10月11日までの187日間，静岡県浜松市の浜名湖ガーデンパークにおいて，「花・緑・水〜新たな暮らしの創造〜」をテーマに「浜名湖花博補注6）」が開催され，会期中に544万人余の来場者が訪れた。この博覧会は，花の万博（A1），淡路花博（A2+B1）に次ぐわが国では三番目の国際園芸博（A2+B1）であり，第21回「全国都市緑化しずおかフェア」として開催された（**表1.1** 参照）。

　このように，花の万博以後，国内において万博の理念を継承する大規模な花と緑のイベントの開催を経て，花と緑の最先端の技術と展示に接する機会が継続的に提供され，これらのイベントを契機として展示・園芸技術も飛躍的な発展を遂げた。花の万博を契機として開催されてきたこれらのイベントは，国民生活の身近に花と緑を取り込むライフスタイルの普及，ゆとりと潤いのある国民生活と地域社会の形成に大きく貢献してきたと言えよう。

4.3　新たな緑化技術の開発・普及と花卉産業への波及

　花の万博 EXPO'90 の会場内では，花と緑の技術について新たな実験が多数試みられた。会場内のゲート周辺や主要な通り沿いには，大型のコンテナーに樹木を植栽した「コンテナー緑化」の技法が初めて用いられた。コンテナー内の樹木を季節の変化に応じて，入れ替えた他，会場内の催事の状況に応じて，移動させることが可能である。この手法は，2005（平成17）年に開催された日本国際博覧会（通称「愛・地球博」）の会場にも適用されている。また，花壇の造成ではユニット化した「パレット花壇」を連続して大花壇を造成した「花桟敷」（**写真1.1**），花を立体的に演出するフラワータワーやワイヤーバスケット等の「立体花壇」（**写真1.2，写真1.3**）

の技術が駆使された[22]。

　コンテナー緑化や立体緑化の技法は，その後都市の顔となる公開空地等の広場や主要な街路等の緑化手法として広く普及するとともに，ハンギング・バスケット等の立体緑化の手法は，今日では一般市民の個人庭園レベルまで広く浸透しつつある。

　全国の都道府県等が出展した「スポット・ガーデン」は，都市内にある小広場等の公共スペースの緑化の新たな手法として提案され，万博後の街角の修景等に生かされるとともに，万博後に開催された「全国都市緑化フェア[23]」の都道府県出展花壇として恒常化していった。

　一方，花の万博 EXPO'90 を契機に，万博の理念を継承し，新たな緑化技術の開発・普及を行うために 1991（平成 3）年に設立された（財）都市緑化技術開発機構[補注7]では，人工地盤や屋上，壁面等の緑化が困難な空間での立体緑化技術を開発するため，民間企業等により共同研究会を組織し，軽量土壌や灌水，植物選定等について技術マニュアルを策定する等，ビルの屋上等の特殊空間緑化の普及に

写真 1.1　花桟敷[注]

写真 1.2　フラワータワー[注]

写真 1.3　ワイヤーバスケット[注]

官・民が共同連携による取り組みを進めてきた。同機構は，国に代わる公的サービス機関として，立体緑化に関する技術の集積と普及の推進役となり，公園・緑化技術五箇年計画策定作業，民間主体の特殊緑化研究会の組織化，屋上緑化や壁面緑化に関する技術マニュアルの策定，屋上緑化コンクールの開催等を通じて，今日の人工地盤，屋上や壁面等の建物緑化技術の普及と発展に中核的な役割を果たしてきたと言えよう。

　(注)写真 1.1 ～ 1.5 は，(公財)国際花と緑の博覧会記念協会の提供による。

4.4　ガーデニングの普及

　花の万博 EXPO'90 では，従来のパビリオン中心の会場計画から，会場全体でテーマを具現することを指向し，会場構成として，「街」・「野原」・「山」の三つのエリアに区分され，それぞれのエリアに適した花壇や緑化の技術，国際庭園やコンテスト花壇等の出展が一体となって，特色ある花壇や庭園が彩る快適な博覧会会場を現出した(**図 1.1** 参照)。「山のエリア」では，海外から出展された国際庭園の沿道沿いに幅 2m の「沿道花壇」が配された(**写真 1.4** 参照)。また，「野原」のエリアでは,会場中心にある「大池」周辺に，野趣に富んだ「花壇」や「大花壇」・「花の谷」が配された(**写真 1.1, 写真 1.5** 参照)。

　さらに，「街のエリア」には主動線である「祭りの大通り」沿いに祝祭を演出するバナーや木と竹で構成されたファーニチャーとともに，「ワイヤーバスケット」や「立体花壇」が多彩に配された[22](**写真 1.2, 写真 1.3** 参照)。

　万博後に起こったバブル経済の崩壊により，わが国ではその後の社会経済環境が大きく変貌を遂げ，「物の豊かさ」から「心の豊かさ」へと国民の意識も変化していく中で，花の万博で提案された花と緑の新しい展示手法は，都市公園や街路空間等の公共スペースを始め，個人の住宅の庭やベランダにコンテナー花壇やハンギング・バスケット等様々なタイプの花壇で立体的に演出する手法を普及させる等，都市生活者の身近な空間に花と緑を取り込むガーデニングの普及に先導的な役割を果たしたと言えよう。

　ガーデニングの普及等により身近な自然とのふれあいを求めるニーズが

高まりを見せる中で，住民や企業と行政との協働によるまちづくりの動きが顕在化していくこととなる。住民レベルでは，単に自分たちの庭という限られた私的空間を花と緑で美化するということにとどまらず，NPOや愛護会（地域のボランティア団体）等の組織化により，行政との役割分担の下，道路沿いや駅前広場，公園等の公共空間における花壇づくり等を通じて，花と緑豊かなまちづくりと良好な都市環境の創出に市民が主体的な役割を果たすようになる（**写真 1.6** 参照）。

写真 1.4　沿道花壇 (注)

写真 1.5　花の谷 (注)

花の万博後の 1991（平成 3）年度より万博の基本理念を継承発展させる事業として，日本花の会が行ってきた「全国花のまちづくりコンクール[24]」等の顕彰事業は市民レベルでの花と緑のまちづくり，コミュニティーの再生に寄与するとともに，国民の花に親しむまちづくりの普及啓発に大きく貢献してきたと言えよう。近年では，ガーデニングの普及により，国民の園芸への取り組みが広がりを見

写真 1.6　道路沿いの空地を緑化した例
（大阪府富田林市）
(注) 写真は，国土交通省のホームページによる。

せる中，市民の園芸技術と演出方法の質的向上は顕著となり，一般市民が個人庭園を広く公開し，庭園間を周遊する「オープン・ガーデン[25]」への取り組みも各地で見られるようになっている（**写真 1.7，写真 1.8** 参照）。

4.5　ボランティアによる緑化活動の先駆け

写真 1.7　オープンガーデンの例 1
（兵庫県三田市内：筆者撮影）

写真 1.8　オープンガーデンの例 2
（兵庫県三田市内：筆者撮影）

　花の万博 EXPO'90 では，会期中の花の管理や車イスの貸し出し等を行うボランティアの組織的導入が図られた。会場内での花柄摘み等の維持管理を日常的に行う「花と緑のボランティア」活動は，会期中に花を生き生きとした状態で維持管理していく上で，重要な役割を担った。

　花の万博で試行されたボランティアによる管理活動は，その後，市民と行政が協働で行う公園づくり等，公共空間の緑化活動における「ボランティア」の役割を広く周知する機会となり，公共空間における市民参加システムを普及していく上でその先鞭となるものであった。花の万博会場となった鶴見緑地では「花と緑のボランティア」のメンバーが中心となり，万博後には「花博フラワークラブ」が組織され，万博での知識と経験を活かして，花博記念公園として再整備された鶴見緑地公園内の花の管理等に携わるボランティア活動を現在も継続させている。また，万博が開催された地元大阪の緑化活動を通じた花と緑あふれるまちづくりを推進する上で，「グリーンコーディネーター」が専門的な知識や技術を習得し，都市緑化のボランティア活動に中心的な役割を果たしている。

まとめ

　国際社会において，地球温暖化，オゾン層の破壊，砂漠化と酸性雨等の問題が顕在化し，地球環境への警鐘が鳴らされ始めた 1990（平成 2）年に，花の万博 EXPO'90 が世界に向けて発信した「自然と人間との共生」の理念は，その後わが国では理念の継承に関わる様々な事業や行事の展開，国の環境政策の進展等の中でしっかりと根付き，今日では低炭素社会や循環型社会とともに，「持続可能な社会」を具現していく上において，総合的に展開すべき主軸概念として定着している。また，都市の緑化部門においては，市民レベルでの緑化意識の高揚に裏打ちされたガーデニングの広がりと質的水準の高度化に加えて，市民と行政との協働によるまちづくりの広がり等「私」なるものから「公」なるものへの意識の変化と活動範囲の拡大を確認することができた。

　地球温暖化防止や生物多様性の保全，有限な資源の循環の必要性など，「サステナビリティー（sustainability）」を維持し，生態系サービスを確かな見通しのもとで後世代に継承していくことは，私たち現在（いま）を生きる世代の責務でもある。そのためには，国際間のグローバルな連携と協調の下で，先進国と発展途上国との環境問題をめぐる基本的な認識のギャップ（いわゆる「南北問題」）を，より高い視点に立って超克していくことが極めて重要であると考える。

　一方，国内にあっては，国と地方，官と民の適切な役割分担の下で，行政と市民，企業，NPO 等の様々な主体が，衡平な立場で協働で取り組むべき政策課題として環境問題をとらえておく必要がある。筆者は，花の万博の開催時に，博覧会を主催する（財）国際花と緑の博覧会協会に建設省（当時：現国土交通省）から出向し，政府出展の計画・建設，運営，並びに会場全体の計画調整，建設と管理等の業務に協会職員として関わった。その後，国営公園の大規模プロジェクトや国の地方ブロック機関の「さいたま新都心」への集団移転計画，都市の緑地政策等に国の行政の立場で長年にわたって関与することとなったが，筆者にとっても，博覧会後に携わった行政の現場において，花の万博の理念を如何に具現化していくかは，様々

な国の事業に造園職として携わる中での重要な課題となった。

　国土交通省退官後の2008(平成20)年には，縁あって花の万博終了後の1991年に設立された(財)国際花と緑の博覧会記念協会に奉職することとなり，上述した「花の万博コスモス国際賞」の授賞事業等花の万博の理念継承事業に2年ほど関わらせていただいた。同協会の事務室は，花の万博が開催された鶴見緑地(現在の花博記念公園鶴見緑地)内で，万博当時は中央ゲート近くで国際陳列館(通称「ビッグバード」)として使用されていた建物が，現在もほぼ当時のままの形で存置されており，その建物内の一角にある。

　花の万博EXPO'90の会場跡地は，現在は大阪市が管理する「花博記念公園鶴見緑地」として再整備されている。山のエリアにあった外国庭園は，時間の経過は否めないが，現在も存置されており，当時の面影を今に残している。この他にも，大阪市の出展施設「咲くやこの花館」の大温室や国際展示水の館等の施設が現在もほぼそのままの形で維持されている。約20年ぶりに花の万博の跡地に身を置いての理念継承の仕事は，万博経験者としても大変感慨深いものを禁じ得なかった。

　花の万博の提唱した「自然と人間との共生」の理念は，地球温暖化や生物多様性，化石資源の枯渇等環境問題のグローバル化が進展する中で，その課題克服に向けて人類としての英知が問われている今日，より普遍性をもったグローバルな『キーワード』としての位置を占めていることを，本章では環境政策の具体的な事例を基に整理した。また，理念継承のための国や都道府県，関係団体の緑化行事の開催等を通じて，「自然と人間との共生」の理念の波及を市民レベルでの緑化活動の広がりの中に見出すことができた。

　22世紀の地球が，「緑の地球(Green Earth)」として太陽系惑星の中で燦然とその美しさと輝きを保っていることを願い，今後も花の万博に関わった者の一人として立場は変われども，その理念の継承に微力を尽くしていきたいと思う。

補 注

1) 若原道昭, 龍谷大学の概要, 学長挨拶
   http://www.ryukoku.ac.jp/university(2007.9.1)
2) 浄土宗について,「共生」と「ともいき」
   http://jodo.or.jp/honentomoiki/kyoseitomoiki.html(2014.12.1)
3) 2013年4月に公益財団法人に移行し, 現在は公益財団法人国際花と緑の博
   覧会記念協会となっている。
   http://www.expo-cosmos.or.jp/about/index.html
4) 可児市総務部企画調査課(1996)『花フェスタ'95 ぎふ 参加記録』
5) 博覧会 collection「国際園芸・造園博 ジャパンフローラ 2000(淡路花博)」,
   乃村工藝社 http://www.nomurakougei.co.jp/expo/exposition/detail
6) 静岡国際園芸博覧会協会編集(2005)『浜名湖花博公式記録「世界の花が咲き
   ました」』, 静岡国際園芸博覧会協会, 280pp.
7) 2013年4月に公益財団法人に移行し, 現在は公益財団法人都市緑化機構と
   なっている。 http://urbangreen.or.jp/ug/about/

引用文献

1) 鈴木弘孝(1990)花の万博会場計画, 空気調和・衛生工学 64(10), 3-8
2) (財)国際花と緑の博覧会協会(1987)「EXPO'90 国際花と緑の博覧会」
3) 建設省・農林水産省(1991)『国際花と緑の博覧会政府公式記録』, 436pp.
4) 大塩洋一郎(2000)花の万博随想,『花の万博10周年記念誌「生命の祭典」』,
   (財)国際花と緑の博覧会記念協会, 106-111
5) (財)国際花と緑の博覧会協会(1986)「花の万博 EXPO'90」
6) 黒川紀章(1987)『共生の思想』, 徳間書店, 334pp.
7) 梅棹忠夫(2000)「文明史から見た1990年花の万博の意義」『花の万博10周
   年 記念誌「生命の祭典」』, (財)国際花と緑の博覧会記念協会, 2-9
8) レスター・R・ブラウン(著), 松下和夫監訳(1989)『地球白書'89-'90 環境と
   調和する経済社会の構図』, ダイヤモンド社, 368pp.
9) 環境省総合環境政策局総務課編著(2002)『環境基本法の解説』, ぎょうせい,
   531pp.
10) 倉阪秀史(2008)『環境政策論(第2版)』, 信山社出版, 364pp.
11) 閣議決定(1994)第一次環境基本計画, 環境省ホームページ:
    https://www.env.go.jp/policy/kihon_keikaku/plan/kakugi121222.html
12) 閣議決定(2012)第四次環境基本計画, 環境省ホームページ:
    https://www.env.go.jp/policy/kihon_keikaku/plan/plan_4.html

13) 閣議決定(1997)生物多様性国家戦略，環境省ホームページ：
https://www.biodic.go.jp/biodiversity/about/initiatives1/index.html

14) 閣議決定(2002)新生物多様性国家戦略，環境省ホームページ：
https://www.biodic.go.jp/biodiversity/about/initiatives2/index.html

15) 閣議決定(2007)第三次生物多様性国家戦略，環境省ホームページ：
https://www.biodic.go.jp/biodiversity/about/initiatives3/index.html

16) 閣議決定(2007)21世紀環境立国戦略，環境省ホームページ：
https://www.env.go.jp/guide/info/21c_ens/21c_strategy_070601.pdf

17) 生物多様性基本法(2008)　https://elaws.e-gov.go.jp/document?lawid

18) 愛知目標(20の個別目標)，生物多様性，環境省ホームページ：
https://www.biodic.go.jp/biodiversity/about/aichi_targets/index_03.html

19) 環境省，SATOYAMA イニシアティブとは，環境省ホームページ：
https:// www.env.go.jp/nature/satoyama/initiative.html

20) (財)国際花と緑の博覧会記念協会(2009)「コスモス国際賞」，21pp.

21) 国土交通省都市地域整備局公園緑地・景観課(2009)『平成21年度版公園緑
地マニュアル』，(社)日本公園緑地協会，694pp.

22) (財)国際花と緑の博覧会協会(1991)『EXPO'90 国際花と緑の博覧会公式記
録』，571pp.

23) 国土交通省(2014)「全国都市緑化フェア」について，国土交通省ホームページ：
http://www.mlit.go.jp/crd/park/shisaku/fukyu/toshiryokka/

24) 日本花の会(1991)全国花のまちづくりコンクール
https://www.hananokai.or.jp/city/

25) 平田富士夫(2010)多様化したオープンガーデンの活動内容・課題とその背
景との関係性，環境情報科学論文集 24, 37-42

参考文献

1. 建設省・農林水産省(1991)『国際花と緑の博覧会政府出展報告』，444pp.

2. (財)国際花と緑の博覧会協会(1990)『EXPO'90 国際花と緑の博覧会公式ガイ
ドブック』，312pp.

3. (財)国際花と緑の博覧会協会(1991)『EXPO'90 国際花と緑の博覧会公式記録
写真集』，351pp.

4. (財)国際花と緑の博覧会協会(1991)『EXPO'90 国際花と緑の博覧会公式記録
花と緑』，631pp.

5. (財)国際花と緑の博覧会協会(1991)『花の万博　業務記録 No.28「会場建
設」』，715pp.

6. 鈴木弘孝(1989)政府出展の概要，積算資料臨時増刊，（財）経済調査会，前文 25-32

7. 鈴木弘孝(1990)国際花と緑の博覧会の概要，建築士 39(451)，日本建築士会連合会，14-18

8. 鈴木弘孝(1990)国際花と緑の博覧会の会場計画，建築設備士 1990(7)，（社）建築設備技術者協会，26-29

9. 鈴木弘孝(1990)会場計画について，月刊グリーンビジネス No.339，システム開発研究会，4-8

10. 鈴木弘孝(1990)国際花と緑の博覧会におけるみち・ひろばの構成について，道路建設 No.506，（社）道路建設業協会，70-71

11. 鈴木弘孝(1990)主催者から見た花の万博，緑の読本 26(16)，公害対策技術同友会，14-17

第 II 部　伝統園芸植物の保存と継承

わが国では，四季折々の季節の移ろいによって変化する豊かな自然環境の中で日本人独特の自然観が形成され，古来より身近な草花を和歌に詠み，身近な調度品等に花をあしらい，床の間の花一輪に自然の無限性を感じるなど，花と緑を愛でる独自の園芸文化を発展させてきた。

　特に，江戸期には，鎖国政策がとられるとともに，戦争のない太平の世が260年も続く中で，武家階級から庶民層にいたるまで，園芸に親しむ等最も園芸文化が興隆をみせた。このような，歴史的な社会環境の中で，園芸植物の変わり種や葉色の変化等の新しい園芸品種が作出され，「番付」といった優良品種が競われるとともに，「銘鑑」や「図譜」といった植物目録が整備されていった。

　江戸時代末期に江戸に滞在したプラントハンターのロバート・フォーチュンは，その著『幕末日本探訪記—江戸と北京—[1]』において，当時の江戸の市民の植物に親しむ生活を英国と比較して，「日本人の国民性の著しい特色は，下層階級でもみな生来の花好きであるということだ。もしも花を愛する国民性が，人間の文化生活の高さを証明するものであるならば，日本の低い層の人々は，イギリスの同じ階級の人たちと比べると，ずっと優って見える」と記し，江戸の市民生活に根付いている園芸文化の高さに驚嘆している。英国は，今日では市民の誰もがガーデニングを楽しむ園芸大国として発展していることに思いを馳せると，時を経て彼我の様相の異なりに驚きを禁じ得ない。

　わが国の園芸文化として独自の発展を遂げた伝統園芸植物も，明治維新以降の近代化が進展する中で，一部の愛好団体等の手によって維持・保存されつつも，衰退の一途をたどりつつある。今日では，保存・継承を担う団体の構成員の高齢化等により，そのまま放置した場合には消失の危機に瀕している園芸植物種も顕在化しつつあるが，それぞれの団体において伝統園芸植物の保有と継承が独自に進められているものの，その現状を包括的に整理した資料はほとんど見られない。

　一方，わが国の植物種の保存と展示を主体的に担ってきた植物園においても，公共・民間を問わず伝統的な園芸植物の保存・展示の位置づけと取り組みの実態について，これまで十分に明らかにされていない状況にある。

そこで第Ⅱ部では，わが国を代表する園芸文化の遺産である伝統園芸植物の保存と継承のために，関係する機関や団体などが保有する伝統園芸植物についての現状と課題をアンケート調査した結果に基づき整理し，今後の伝統園芸植物の適切なる保存と継承の一助としたい。

1. 調査方法

1.1　調査対象

　既存の文献等とインターネットなどによる調査から，伝統園芸植物に関する団体，機関，個人などを，対象品目ごとにピックアップした。その結果に基づき，（社）日本植物園協会の会員他 137 の関係機関と保存団体等 49 団体のあわせて 186 の機関又は団体等を対象にアンケート調査を実施した。調査の実施期間は，2009（平成 21）年 3 月 3 日から 3 月 24 日までの 22 日間である。アンケート調査の概要は，**表 2.1.1** に示すとおりであり，植物園等の機関から 67（有効回答率 48.9%），保存団体等から 26（有効回答率 53.1%），総計 93（有効回答率 50.0%）の回答を得た。

1.2　調査項目

　調査対象に応じて，植物園等の機関向けと保存会等の団体向けに調査票を 2 種類作成し，おのおの別にアンケート調査を実施した。それぞれのアンケート調査の項目は**表 2.1.2** に示すとおりである。

表 2.1.1　アンケート調査の概要

調査日	2009.3.3 ～ 3.24		
調査票 [1] 機関向け [2] 団体向け 計	機関向けと団体向けの 2 種類 配布数：137　　有効回答数：67 配布数：　49　　有効回答数：26 配布数：186　　有効回答数：93	 有効回答率：48.9% 有効回答率：53.1% 有効回答率：50.0%	
配布方法	郵送		
回答	郵送・メール		

表 2.1.2　アンケート調査項目一覧

対象	区分	質問項目	関連項目
[1] 機関向け	1.機関の 　情報	(1) 連絡先	
		(2) 情報の公開	
		(3) 保存継承活動の有無	
	2.質問事 　項	(1) 品目別の品種数	
		(2) 実施している保存継承活動 　　の内容	(2-1) 収集・保有活動の有無と 　　　実施場所 (2-2) 展示活動の有無と実施形 　　　態 (2-3) 品種確定活動の有無と実 　　　施形態 (2-4) 増殖活動と譲渡の有無 (2-5) 調査研究活動の有無 (2-6) 普及啓発活動の実施形態
		(3) 施設や設備の有無と面積	
		(4) 要員の有無と人数	
		(5) 保存継承活動に関する課題	(5-1) 収集・保有に関する課題 (5-2) 展示に関する課題 (5-3) 品種確定に関する課題 (5-4) 増殖に関する課題 (5-5) 調査研究に関する課題 (5-6) 普及・啓発に関する課題 (5-7) 施設や設備に関する課題 (5-8) 組織や体制に関する課題 (5-9) その他の課題
		(6) 期待される方策 　　－その他の期待される事項	－方策ごとに対応を選択 －特に必要と思われる方策を3 　つまで選択
[2] 団体向け	1.団体の 　情報	(1) 連絡先	
		(2) 会員数と会員の所在地，支 　　部数	
		(3) 情報の公開	
	2.質問事 　項	(1) 品目別の品種数	
		(2) 実施している保存継承活動 　　の内容	(2-1) 収集・保有活動の有無と 　　　実施形態 (2-2) 展示活動の有無と実施形 　　　態 (2-3) 品種確定活動の有無と実 　　　施形態 (2-4) 増殖活動と譲渡の有無

			(2-5) 調査研究活動の有無
			(2-6) 普及啓発活動の実施形態
	(3) 保存継承活動に関する課題		(3-1) 収集・保有に関する課題
			(3-2) 展示に関する課題
			(3-3) 品種確定に関する課題
			(3-4) 増殖に関する課題
			(3-5) 調査研究に関する課題
			(3-6) 普及・啓発に関する課題
			(3-7) その他の課題
	(4) 期待される方策		・方策ごとに対応を選択
			・特に必要と思われる方策を3つまで選択
			・その他の期待される事項

2. 伝統園芸植物の定義と範囲

2.1 伝統園芸植物の定義

　伝統園芸植物の保存継承を図るためには，まずは対象とする伝統園芸植物の定義を明確にし，どの品目の植物がそれに該当するのかを明らかにする必要がある。江戸時代に独自の園芸文化として興隆し，園芸品種として栽培された植物は，「古典園芸植物[2)]」もしくは「伝統園芸植物」と称されるが，その定義と対象とする植物の範囲は必ずしも明確にはなっていない。荻巣ら[3)]は，その著において「伝統園芸植物」という語を用い，「「伝統園芸植物」とは江戸の美意識と教養，それを支える職人の技によって生み出された園芸」と定義している。本書では，荻巣ら[3)]の用いた「伝統園芸植物」という用語を用いることとした。また，本書で使用する「伝統園芸植物」については，以下の(条件 -1)から(条件 -4)までの条件を満たす植物と定義した[4)]。

　(条件 -1)江戸時代に育まれた主に日本人独自の美意識や価値観によって観賞の対象として選抜された植物

　①江戸時代以前に大陸の影響によって観賞の対象となった植物であってもその後江戸時代に日本人独特の価値観で独自に発達した植物を含む。

　②美意識や価値観を重要な要素とし，江戸時代の嗜好の継続として明治時代以降に同様な視点から選抜された植物を含む。ただし，嗜好の対

象として選抜が始められた時期が 50 年前未満の植物は対象外とする。

③美意識や価値観を具体的に表すものとして，栽培により高度な技術を要する方向並びにたおやかな容姿と珍稀性を求める方向で選抜が進んだ植物を対象とする。

(条件 -2)長い時間と労力をかけた選抜の結果，品種群の一部もしくは大半が観賞の対象となる部位について野生種としての原形をとどめていない品種群を生じた植物交配などにより単なる色変わりや花弁の大小などが生じただけの品目は対象外とする。

(条件 -3)選抜の結果，品種が多数出現し，かつ各々に日本人の文化的素養に基づく品種名がつけられている植物種が多くとも，文化的素養に基づいた品種名が品目の多くにつけられていない植物は対象外とする。品種数は概ね 10 種以上とする。品種名をつけることにより番付などで品種の優劣を競い合う行為や銘鑑や図譜などにより品種の違いを表現する行為がなされたことを重要視する。

(条件 -4)在来種，渡来種を問わず，日本の国内において品種化が進み，わが国の一般的な気候風土によって栽培が可能な植物を対象とする。

2.2　伝統園芸植物の対象

　2.1 の定義に基づく伝統園芸植物の区分と具体的な対象は**表 2.1.3** のとおりである。

3. 調査の結果と考察

3.1　保有と収集の状況

　現在の保有と収集状況については，**図 2.1.1** に示すとおり植物園等の機関(以下「機関」という。)と保存団体又は個人(以下「団体」という。)との間で大きな差異が見られた。団体は 8 割以上が伝統園芸植物を収集していると答えたが，機関においては 3 割程度に留まった。機関においては，「品種の保存や栽培に苦労している」と答えた割合が 43.9％と半数近くを占め，過去に収集したものや植物園の開園時に植栽されたものを何とか維持はし

表 2.1.3　伝統園芸植物の区分と対象植物名

区分	植物名
木本	花梅，木瓜（ぼけ），桜，花桃，楓，椿，山茶花（さざんか），躑躅（つつじ），皐月（さつき），藤，牡丹（ぼたん），百両金（からたちばな），紫金牛（やぶこうじ），万両，南天，花柘榴（はなざくろ），松，杉
草本	朝顔，万年青（おもと），花菖蒲，杜若（かきつばた），菊，桜草，芍薬（しゃくやく），伊勢撫子（いせなでしこ），福寿草，細辛（さいしん），葉蘭（はらん），石菖（せきしょう），石蕗（つわぶき），雪割草，君子蘭（くんしらん），紋天竺葵（もんてんじくあおい）
ラン類	富貴蘭（ふうきらん），長生蘭（ちょうせいらん），春蘭（しゅんらん），寒蘭（かんらん），錦蘭（にしきらん）
ヤシ類	観音竹（かんのんちく）
シダ類	巻柏（いわひば），松葉蘭（まつばらん），変化葉瓦韋（へんかばのきしのぶ）
水生植物	花蓮（はなばす）
その他	斑入り植物

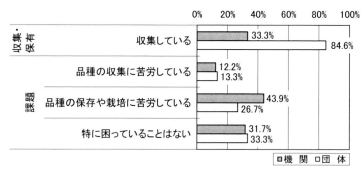

図 2.1.1　収集・保有と課題

ているが，保存上課題のあることが窺われる。また，団体についても26.7％が，「品種の保存や栽培に苦労している」と回答しており，団体を構成する会員等の高齢化等により栽培技術が適切に継承されないなど，保存継承に支障を生じていることが窺われる。これに対して，「特に困っていることはない」との回答が機関，団体とも3割強を示しているが，このことから回答どおり品種の収集と保存が適切に行われていると断定することには無理があり，後掲の品種の確定と登録，栽培技術の実態と合わせて検討する必要があると考えられる。

3.2　展示

　展示については，**図 2.1.2** に示すとおり機関，団体共に何らかの形で伝統園芸植物の展示を行っているところがほとんどであることが分かる。展示における課題として，機関では「人材不足・要員不足」が 27.1％と最も多く，次いで「作^{補注 1)}のよい栽培ができていない」，「予算確保が難しい」の順となっていた。これに対して，団体では「予算確保が難しい」が 20.5％と最も多く，次いで「人材不足・要員不足」，「場所・スペースの確保が難しい」の順となっていた。

　このことから，機関では展示に関わる人材と要員が確保できておらず，展示に耐えられる優良な植物が提供できていない状況にあると考えられる。一方，団体では予算の確保等の財政的な負担に加えて，展示する場所が確保できていない現状にあることが推察される。特に，「作のよい栽培ができていない」という項目については両者の間に顕著な差異が見られ，機関においては，栽培技術を有する人材の不足が作用していると考えられる。「作」に関しては，後述する観賞作法への理解度を考慮すると，特に，機関においては「作」そのものに関する認識が欠如していることも推察される。

　また，団体についても，「『作』に関して問題はほとんどない」と文字通りに受け止めることには無理があると思われ，当該団体自身が機関と同様に，「作」に関する認識が欠如しているケースや，「上作」と誤解している

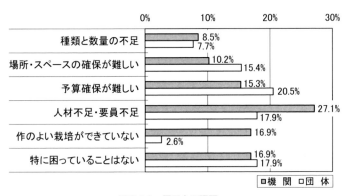

図 2.1.2　展示上の課題

ケースなども考えられる。

4.3 品種の確定

　品種の確定に関しては，**図2.1.3**に示すとおり「品種確定作業は実施していない」という項目への回答は，機関では4割以上に上ったが，団体では2割以下に留まった。また，「認定・登録を行っていない」という項目には，機関の8割近くが回答したのに対して，団体では4割以下となっており，両者の間に顕著な差異が見られた。これより，機関においては，ほとんど認定・登録が行われていない現状にある。「品種確定を行える人材がいない」，「品種確定のマニュアルがない」という項目についても，機関の方が団体よりも回答が多い傾向が見られた。「特に困っていることはない」という項目に対しては，団体の回答が機関よりも多かった。このことから，品種確定に関して，機関，団体ともに品種上の疑義に関しての問題意識が低く，品種確定が伝統園芸植物の保存・継承を図る上で重要であることの問題認識も低いことが見て取れる。

　品種の確定，認定，登録については，現状では，①種苗法に基づいた農林水産省品種登録制度を利用する方法，②各々の機関，団体において規定の手続きにより実施する方法，の2つの方法がある。①については，機関で67機関中3機関，団体では27団体中2団体とわずかであったが，本制

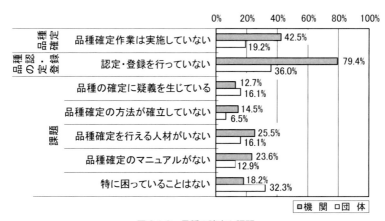

図 2.1.3　品種の確定と課題

度は，新品種の育成者の権利を保護することによって，新品種の育成を振興し，産業の振興を図ることを主たる目的としている。本制度では，品種特性調査を実施するにあたり対象品種等との比較が必要とされる他，登録手続きに時間と労力を要し，必ずしも新品種として登録されることが確実ではない上に，登録手続きや登録後のパテントの維持に費用負担がかかる。

　したがって，伝統園芸植物のように商業的利用を前提としていない植物については，登録することで得られる利点が少なく，なじみにくい制度と言える。

　一方，②については，機関で67期間中3機関とわずかであったが，団体では27団体中13団体が行っており，団体での実施率の方が高かった。認定の方法としては，認定の規定が書面で存在すると回答したのは29団体中4団体にとどまっていた。

　以上のことから，農林水産省品種登録制度は伝統園芸植物の品種登録にはなじまないと判断され，伝統園芸植物に適した制度を新たに整備していく必要があるものと考えられる。また，品種の確定，登録の方法については品目ごとに具体的に検討を行う必要があることから，個々の品目特性を踏まえて第三者機関による客観的な品種の確定と登録に関する制度の早急な検討が必要と考えられる。

4.4　増殖

　増殖については，**図2.1.4**に示すとおり機関では56.8%が「行っていない」と回答したのに対して，団体では16.0%にとどまり，両者の間に顕著な差が見られた。また，増殖した品種を外部に「頒布している」割合については，機関では52.2%であるのに対して，団体では81.8%を占め，団体では頒布による収入が保存活動に当てられているものと推察される。

　課題としては，「特に困っていることはない」との回答が機関では25.5%，団体では43.3%と最も多く，機関に比して団体の割合が高くなっていた。課題の中では，機関，団体ともに「増殖に当たる人材がいない」との回答に対して，「増殖を指導する人材がいない」という回答は少なく，指導者よりも作業する人材の確保が必要と認識されていることが分かる。

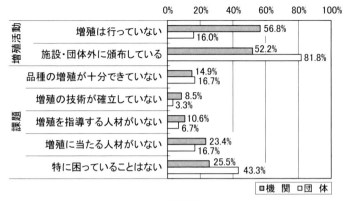

図 2.1.4　増殖活動と課題

設問の中では，「増殖」を実施している機関，団体の比率が他の設問に比較するとやや多い傾向にあるが，増殖に当たる人材の問題については品種の確定とともに機関においてより課題を抱えていると考えられる。

4.5　栽培技術

栽培技術については，**図 2.1.5** に示すとおり調査・記録を「行っている」との回答は，団体では回答数の 1/2，機関では 1/4 であった。栽培技術に関する課題として，「栽培技術のマニュアルがない」との回答については，機関では 19.6％，団体では 6.7％と両者の間に差異が見られ，団体ではマニュアルに対する期待は低いことが窺える。増殖の項と同様，指導者よりも，「栽培技術を担っていく人材がいない」との回答が多かった。また，「栽培技術を担っていく人材・作のよい栽培ができる会員がいない」に関しては，機関，団体ともに約 3 割が指摘しており，保存・継承すべき栽培技術を有する人材の育成が大きな課題であることが指摘できる。

4.6　観賞作法

観賞作法については，**図 2.1.6** に示すとおり調査・記録を「行っている」と回答したところは，機関では約 1/5 に留まったが，団体では 1/2 に上った。団体では，伝統園芸植物に関して観賞作法への認識が機関よりも高い

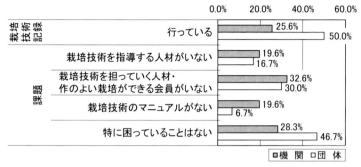

図 2.1.5　栽培技術と課題

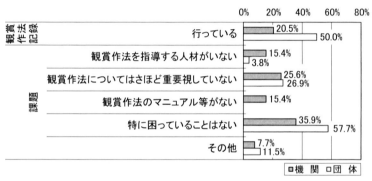

図 2.1.6　観賞作法と課題

と推察される。また，機関においては観賞作法に対する理解そのものが低く，よくわからないまま展示等を行っている様子が窺われる。課題として，「観賞作法は重要視していない」と回答したところは，機関 25.6％，団体 26.9％とほぼ同様の傾向が見られ，伝統園芸植物の保存を図る上で，保存の担い手における鑑賞作法の重要性への認識は高くないと考えられる。「特に困っていることはない」との回答も，機関では 35.9％，団体では 57.7％を占めた。

　一方，機関に比べると団体では観賞作法に対する認識はされているものの，指導者やマニュアルへの期待も低く，観賞作法を重要視していないとの回答が多いことを考慮すると，観賞作法そのものに関する理解の程度には疑問が残ることから，今後さらに精査が必要と考えられる。

したがって，「作」と同様に，観賞作法に関しては，伝統園芸植物の持つ重要性が必ずしも明確に認識されていない傾向が見られ，配慮がなされているとしても，口伝や文献その他によって正確な観賞作法が伝承されていない可能性が考えられる。

4.7　保存・継承上緊急性を有する植物品目

　表2.1.4に示すとおり，今回の調査結果から機関，団体のいずれも保有していないか，またはいずれかが保有していない植物種が8品目であった。このうち，機関，団体のいずれも保有していないニシキランについては，保存・継承を図っている機関・団体の体制が不十分であり，一部の愛好家により保存が図られている可能性が高いと考えられる。また，機関，団体のいずれかしか保有していない植物はハナザクロ他の7品目であった。これらの品目についても，保有する機関と団体において適切な保存・継承がなされない場合には，今後消失する恐れが高く，保存の緊急性は高い品目と考えられる。

　今回の調査では，修景用に植栽されている品目も回答に加わっていると推測されるため，品目を保有するとされる機関についても，必ずしも保存と継承の視点から収集と栽培がなされていない可能性も考えられる。特に，機関では栽培に従事する専門の技術者や要員が配置されていないことにより，栽培方法そのものが確立していない可能性も高く，かつ品種の確定，登録・認定についても適切になされていないことから，栽培技術の継承や

表2.1.4　保存・継承上緊急性を要する伝統園芸植物

植物名	学名	機関数	団体数	摘要
ハナザクロ	*Punica glanatum cv.* Pleniflora	2	0	
マンリョウ	*Ardisia crenata* Sims	1	0	
カキツバタ	*Iris laevigata* Fisch	0	1	
セキショウ	*Acorus gramineus* Soland	2	0	
ハラン	*Aspidistra elatior* Blume	1	0	
フクジュソウ	*Adonis amurensis* Regel et Rabbe	1	0	
ニシキラン	*Goodyera schlechtendaliana* Rchb. F.	0	0	
変化葉ノキシノブ	*Lepisorus thunbergianus* (Kaulf.) Ching	0	1	

品種の確定等について早急な対策が必要と考えられる。

　一方，団体においては，今回の調査からはそもそも品目ごとの回答団体が少なく，実際には保存・継承がされていても，該当の団体から回答がなかったことで保存・継承の実態が見過ごされている場合があることを考慮する必要がある。団体では，栽培技術はかろうじて維持されているものの，構成員の高齢化が進む中で，後継者が十分に育成されておらず，栽培技術が適切に伝承されないことによる衰退の可能性も指摘できる。このため，個々の植物の保存と継承の実態については，個別の品目に則してさらに詳細な実地調査を継続して実施していくことが必要と考えられる。

おわりに

　伝統園芸植物の収集については，機関と団体との間で大きな差異が見られ，現状では主に団体に大きく依存している実態が明らかとなった。園芸文化として発展した植物の保存と継承を図る上で，植物園等の機関が主体的な役割を担い切れていない中で，公的機関による保存継承策は何ら講じられていない実情であることが，本調査の結果からも浮き彫りとなった。

　特に，日本の伝統園芸植物の保存と継承を図る上では，栽培技術の継承と適切な品種の確定，登録の仕組みが重要と考えられる。栽培技術の継承についても，現状では主として個別の植物種を保存・継承している団体に依拠していることが，本調査の結果からも裏づけられた。しかし，団体においては，構成員の高齢化等により栽培技術の継承を担う次世代の人材育成が十分になされていないことが保存・継承上の重要な課題と考えられる。本来その役割を積極的に担うことが期待される日本の植物園においては，栽培技術を担う要員の不在等により適切に実施されていない現状も窺うことができた。

　また，品種の登録と認定では，現状ではそれぞれの団体毎に品種の確定と登録がなされており，確定の方法についても不十分な団体が多く見られた。現行の法制度として種苗法に基づく登録・認定制度の活用も考えられるが，登録手続きに時間と労力を要する他，登録後のパテントの維持に費

用が嵩む等から，その活用は登録によって大きな商業的な価値を得る可能性がある場合等に限られ，伝統園芸植物の品種登録の制度としてはなじまないと考えられる。

　さらに，機関，団体のいずれも保有していないか，いずれかしか保有していない伝統園芸植物については，保存の手立てが適切に講じられない場合には現在保有されている品種が消滅することにより，伝統園芸植物種そのものが消失する危険性を有しており，保存の緊急性の高いことが明らかになった。今後，わが国の伝統園芸植物を適切に保存・継承していくためには，各植物園や保存団体との連携を図りつつ，伝統園芸植物の文化的価値を客観的に評価し，品種の確定や登録等を一元的に担う公的機関の整備等伝統園芸植物を保存・継承していくための体制，制度の確立を図ることが急務と考えられる。

補　注
1)　「作」とは，品種が持つ特性と植物個体全体のまとまりにこだわる栽培様式を称する。特性が美しく発揮され草姿などの整った観賞価値の高い栽培品を「上作」として評価 の対象とした。

引用文献
1)　ロバート・フォーチュン著，三宅馨訳(1997)『幕末日本探訪記 ─江戸と北京─』講談社学術文庫, 363pp.
2)　田中修(1994)『園芸植物大事典　用語・索引』，小学館，589pp.
3)　柏岡精三・荻巣樹徳監修(1997)『絵で見る伝統園芸植物と文化』，柏岡精三発行
4)　(財)国際花と緑の博覧会記念協会(2009)『日本の伝統園芸植物』，86pp.

参考文献
1.　国際園芸学会(2008)『国際栽培植物命名規約第7版[日本語訳]』，アボック社
2.　伊藤伊兵衛(1695)『花壇地錦抄(日本農業全書54)』，(社)農山漁村文化協会
3.　伊藤伊兵衛三之丞 / 伊藤伊兵衛政武(1710 著)(1933)『花壇地錦抄 / 増補地錦抄』，八坂書房

4. 伊藤伊兵衛政武(1719 著)(1941)『広益地錦抄』,八坂書房

5. 伊藤伊兵衛政武(1733 著)(1983)『地錦抄附録』,八坂書房

6. 秀島英露(1819 著)(1999)『養菊指南書(日本農書全集 55)』,(社)農山漁村文化協会

7. 肥後銘花保存会(1974)『肥後六花撰』,誠文堂新光社

8. 肥後銘花保存会監修(1975)『肥後銘花集・ガーデンライフ別冊』,誠文堂新光社

9. 熊本日々新聞社(1986)『肥後六花』

10. 日本松葉蘭連合会(1993)『松葉蘭銘鑑』,三心堂出版社

11. 中尾佐助(1986)『花と木の文化史』,岩波新書

12. 『新潮(2007 年 7 月号〔盆栽特集〕)』(2007) 新潮社

13. 小笠原亮(1999)『江戸の園芸・平成のガーデニング−プロが教える園芸秘伝』,小学館

14. 児玉幸多編(2008)『標準日本史年表』,吉川弘文館

15. 妻鹿加年雄,染井孝熙(1983)『ボタン・シャクヤク』,日本放送出版協会

16. 伝統の朝顔展示プロジェクト編(2001)『朝顔を語る』,(財)国立歴史民俗博物館振興会

17. 米田芳秋(2006)『朝顔』,学習研究社

18. 田村輝夫(1977)『ツツジ』,日本放送出版協会

19. (社)日本おもと協会編(2000)『オモト』,日本放送出版協会

20. 鈴鹿冬二(1976)『日本サクラソウ』,日本放送出版協会

21. 中村恒雄(1975)『ツバキ・サザンカ』,日本放送出版協会

第 Ⅲ 部　公開空地の緑と建物緑化施設の公開

第1章　公開空地の実態と緑化の特性
―東京都 23 区を対象として―

　大都市都心部においては建築物の高密度化と用地取得費の増大等により，都市公園等の公共施設の整備による緑とオープンスペースの創出が困難な状況となっている。一方，総合設計制度や特定街区制度では敷地内に公開空地，有効空地を確保することにより，容積率や斜線制限などの建築規制が緩和され，土地利用の高度化とともにオープンスペースの創出が図られてきた。2004（平成16）年6月には，都市緑地保全法が都市緑地法に改正され，新たに「緑化地域制度[1]」が制定された。この制度は，一定規模以上の建築敷地において緑化率の最低限度を義務づけるものであり，2001（平成13）年4月の東京都における「自然の保護と回復に関する条例」の改正による屋上緑化の義務づけ[2]とともに，都心部における建物緑化の推進について制度の拡充が図られ，これまで着実に施工面積の増大が図られてきた[3]。

　総合設計制度等によって創出される公開空地（本書では総合設計制度による公開空地，特定街区制度による有効空地を「公開空地」と称する。）についての既往研究として，これまでにも公開空地の類型化を論じた例[4]，利用と管理の実態を論じた例[5]，制度と運用について論じた例[6]など，数多くの研究がなされている。このうち，公開空地等と緑化の関係について論じたものとしては，野島らにより公開空地面積と高木本数，緑被率との相関等について分析した研究[7]，岡本らが札幌都心部を対象として公開空地と緑化面積との関係について検討した例[8]，熊野らが大阪都心部において公開空地と緑被率の関係式を住居系と商業・業務系の別に求めた例[9]などがあるが，最近の開発動向等を踏まえ，東京都心部における公開空地と緑化の実態についての調査した例は少ない。

　そこで本章では，東京都23区内を対象に，総合設計制度と特定街区制度によって創出された公開空地等の変遷と緑化の実態について調査し，公開空地が都心部の緑とオープンスペースを創出する上で果たした役割について時系列を踏まえ検証した。

1. 研究の方法

　本章では,街区または敷地と公開空地との関係について,東京都23区を対象として特定街区制度と総合設計制度による事例について,1)東京都の資料[10],[11]から,街区(敷地)面積,公開空地面積について整理し,2)次に,特定街区制度が創設された1961年から1975年まで,総合設計制度が創設された1976年から10年後の1985年まで,1986年からさらに10年後の1995年,1996年から2002年までの4つの時点について東京都23区における公開空地の分布図を作成し,分布特性の検討を行った。3)さらに,都心3区(千代田区,中央区,港区)については,特定街区の都市計画決定時の資料,総合設計制度の建築審査会同意案件の資料等を用いて,緑化面積を整理し,公開空地と緑化率の関係について検討を行った。

　既往研究では,緑地率や緑被率といった用語が使用されているが,本書では,東京都の緑化計画書[12]から緑化面積や緑化の割合を算出していることから,この計画書の定義に準じて樹木(高・中木)や草地,芝生等の植栽された面積(樹木については樹冠投影面積)を「緑化面積」とし,緑化面積の敷地面積に対する割合を「緑化率(%)」と定義する。

　また,本書において,分析の対象とした公開空地の面積は,街区単位である特定街区による有効空地面積と,敷地単位である総合設計による公開空地面積とした。敷地(街区)面積に占める公開空地の面積の割合(%)を「公開空地率」と定義する。特定街区については,東京都資料[11]より57件を,総合設計については同じく東京都資料[12]により469件を対象として,資料の整理を行った。

2. 東京都 23 区における公開空地等の概要

　東京都の資料[10],[11]によると,2004(平成16)年3月現在,特定街区の施行個所が60地区(約104ha),総合設計の施行箇所が506箇所(約347ha)となっている。総合設計制度では特定街区制度と比較して,一つの建築敷地を対象としていること,都市計画決定を必要とせず特定行政庁の許可に

よる施行が可能であること等から，施行個所では 8 倍強，施行面積では 3 倍強となっている。特定街区のイメージを図 3.1.1 に，総合設計制度のイメージを図 3.1.2 に示す。

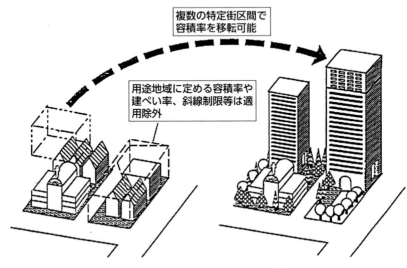

図 3.1.1　特定街区制度のイメージ[12)]

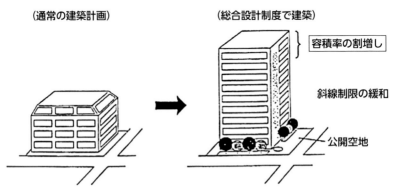

図 3.1.2　総合設計制度のイメージ[13)]

2.1 公開空地等の変遷と分布の特性

　総合設計制度が創設された 1976(昭和 51)年を基準年とし，特定街区の創設年度である 1961(昭和 36)年から 1975(昭和 50)年までと，1976(昭和 51)年以降は 10 年単位に区切って，公開空地等の時系列的変遷と分布の特性について検討した。1961 年から 1975 年までに施工された公開空地を**図 3.1.3** に，1976 年から 1985(昭和 60)年までの施工個所を**図 3.1.4** に，1986 年から 1995(平成 7)年までの施工個所を**図 3.1.5** に，1996 年から 2002(平成 14)年までの施工箇所を**図 3.1.6** に示した。

(1)特定街区制度と公開空地

　特定街区は，都市計画法に定める「地域地区」の一つで，都市機能の更新や優れた都市空間の形成・保全を図ることを目的に，建築基準法による容積率，建ぺい率，敷地面積の最低限度等の制限を適用せず，街区を単位として都市計画を定め，これに適合した民間の建築等を承認する制度である。敷地内に有効な空地の確保等，市街地の整備改善に寄与する程度に応じて容積率の割増しを受けることができる(**図 3.1.1** 参照)。特定街区は，都市計画の最小単位である「街区」を対象に行政が都市計画を定め，これに適合した建築を民間が行う，官民パートナーシップに基づく都市計画制度といえる。総合設計制度が民間主体の敷地レベルの建築行為を対象としているのに対し，特定街区制度は街区レベルの都市計画としての性格が強い。隣接する複数の街区を一体的に計画する場合には，街区間で容積移転することができる[12]。

　特定街区の適用件数は創設の 1961 年から 1975 年までは 10 件で，その後は 10 年ごとにほぼ 20 件であり安定している。**図 3.1.3** より，特定街区の創設後，最も早くこの制度が適用されたのは西新宿の淀橋浄水場跡地の開発であり，現在は東京都庁舎の他に 20 棟以上の超高層ビルが林立している。1976 年から 1985 年にかけては，**図 3.1.4** より青山通りなどの広幅員道路沿いと，日比谷公園に隣接する街区等で適用されている。1985 年から 1995 年にかけては，**図 3.1.5** より新たに西新宿での適用がみられる。1996 年以降では，**図 3.1.6** より有楽町の大街区等において適用されている。

(2)総合設計制度と公開空地

　総合設計制度は，一定規模以上の敷地面積及び一定割合以上の空地を有する建築計画について，その計画が交通上，安全上，防火上及び衛生上支障がなく，かつ，その建蔽率，容積率及び各部分の高さについて，市街地環境の整備改善に資すると認められる場合に，特定行政庁の許可により容積率，斜線，絶対高さの各制限を緩和すことができる制度である[13]（**図3.1.2** 参照）。本制度の特色は，建築敷地の共同化，大規模化による土地の有効かつ合理的な利用の促進と，公開空地等公共的な空地・空間の確保によって，市街地環境の改善を図ることにある[13]。

　総合設計制度は創設後の 1976 年から 1985 年までの 10 年間は適用件数が 54 件であったのに対し，1986 年から 10 年間に 294 件の適用があり，適用件数の大幅な増加がみられた。1976 年から 1985 年までの 10 年間は，**図3.1.4** より日比谷，虎ノ門，赤坂，お茶の水など都心部に集中している。

　制度創設 10 年後の 1986 年から 1995 年にかけては，**図3.1.5** より臨海部の流通倉庫群の土地利用転換を目的とした東京臨海部での再開発の事例として，芝浦，港南，天王洲，隅田川河口において，大規模商業施設や集合住宅等が建設されるなど，臨海部での適用例が多くなっている。

　同じ時期には，大手町周辺で大手町センタービル，大手町 CDP ビル等が隣接して建設された他，虎ノ門周辺では虎ノ門タワービル，城山ヒルズ等，緑の多い庭園的な要素を有する公開空地が出現し，商業施設と集合住宅と一体化した事例が多く建設されている。これらの開発例においては，敷地相互が隣接又は近接して総合設計制度が適用されており，公開空地相互が連続することによりオープンスペース群としての創出を可能としている。1996 年以降は，**図3.1.6** より青山通りに面して，壁面のセットバックにより歩道と連続した公開空地を設ける事例や，飯田橋の旧飯田町駅跡地とその周辺のように事務所と商業施設，集合住宅で構成される飯田町中央街区の再開発等で適用されている[14]。

2.2　公園面積と公開空地等面積の比較

　表3.1.2 は，東京都の「公園調書」[15] より，2002（平成 14）年 4 月 1

図 3.1.3　公開空地変遷図（1961-1975 年）

図 3.1.4　公開空地変遷図（1976-1985 年）

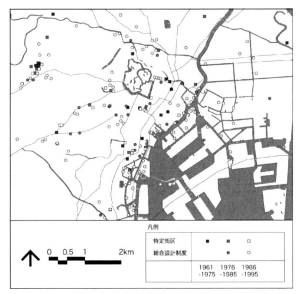

図 3.1.5　公開空地変遷図（1986-1995 年）

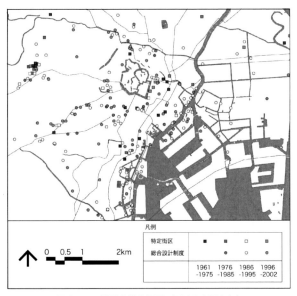

図 3.1.6　公開空地変遷図（1996-2002 年）

表 3.1.2　公立公園面積と公開空地面積の比較

区分	公開空地面積			(B)公立公園	(A) / (B)
	総合設計	特定街区	(A)計		
都心3区	56.0ha	22.6ha	78.6ha	187.7ha	0.42
23区	133.3ha	53.8ha	187.1ha	3,267.3ha	0.06

日現在，都市公園に海上公園等の都市公園以外の公園を加えた「公立公園」の面積と総合設計，特定街区において整備された公開空地等の面積を23区内と都心3区(千代田区，中央区，港区)についてまとめたものである。これより，公立公園は23区内では 3,267.3ha であり，一方，総合設計と特定街区の公開空地等の面積は 187.7ha と公立公園の面積の6%に相当している。これを都心3区(千代田区，中央区，港区)についてみると，公立公園 187.7ha に対して公開空地等の面積は 78.6ha と公立公園の42%に相当する面積を占めている。このことは，都市公園等の公的なオープンスペースの確保が困難な都心部において，総合設計制度や特定街区制度により民間の大規模敷地等において公開空地が確保されることにより，公的オープンスペースの量的不足を補完する役割を果たしているものと考えられる。

2.3　公開空地と緑化との関係

　都心部3区(千代田区，中央区，港区)を対象として，特定街区と総合設計制度の各々の施行地区における公開空地と緑化との関係について，比較検討した結果を以下に記述する。

(1)特定街区

1)公開空地と緑化率

　東京都の資料[10]によると，2004(平成16)年3月現在23区内で都市計画決定された特定街区は 60 箇所であり，このうち都心3区において都市計画決定された特定街区は 27 箇所である。東京都の特定街区指定指針が策定された 1984 年以降の 11 箇所について，竣工図面と現地での補足調査に基づき，街区内での緑化図を作成して緑化面積を算出した。

　街区面積と公開空地面積との関係は，**図 3.1.7** に示すとおり，強い正の

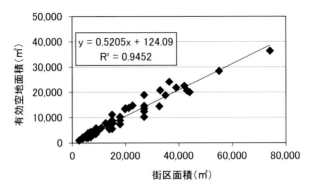

図 3.1.7　街区面積 [3) と公開空地面積の関係（特定街区）

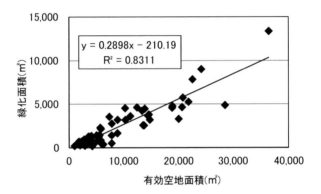

図 3.1.8　公開空地面積と緑化面積の関係（特定街区）

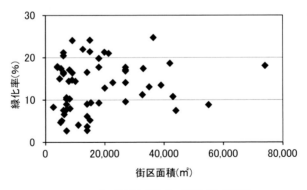

図 3.1.9　街区面積と緑化率の関係（特定街区）

相関が認められ，街区面積が大きくなるにつれて，公開空地の面積も増大する傾向にある。また，公開空地面積と緑化面積の関係についても，**図3.1.8**に示すとおり，強い正の相関が認められ，公開空地面積が大きくなるにつれて，緑化面積も増大する傾向にある。

　これに対して，街区面積と緑化率との関係については，**図3.1.9**に示すとおり，有意な相関はみとめられず，大半は20％以下に分布しており，平均の緑化率は13.5％であった。

2）公開空地のタイプ別特性

　東京都の基準[16]によると，公開空地は「青空空地型（プラザ，ガーデン）」，「側面開放型（ピロティ，アーケード）」，「屋内広場型」，「コンコース型」に分類されている。これらの公開空地には，「歩道状空地」や「貫通通路」が含まれている。「歩道状空地」とは，歩道と段差がなく一体で利用できる空地である。

　「貫通通路」とは敷地内の屋外空間を通り抜け，かつ道路，公園等を相互に連絡する歩行者用通路として整備された空地である。公開空地のうち，歩道状空地を「歩道型」，貫通通路を「貫通通路型」として独立させ，その他の青空空地を「広場型」，側面開放型を「側面開放型」，屋内広場型とコンコース型を「その他」の5つに区分して，東京都の資料に基づき，各々の空地の面積を集計した結果は，**図3.1.10**に示すとおりである。これより，「広場型」が全体の約7割以上（76.1％）を占め，次いで「歩道型」（10.0％），「側面開放型」（5.9％）の順となっている。

　施行地区の街区規模別に公開空地のタイプ別構成比率をまとめると，**図3.1.11**に示すとおりである。5,000㎡未満では，「歩道型」が公開空地全体の71.9％を占めているが，5,000〜10,000㎡では「広場型」が75.3％と全体の3/4を占めた。10,000〜20,000㎡では「広場型」の割合が低くなり，「歩道型」，「貫通通路型」，「側面開放型」の割合が「広場型」を上回っていた。20,000㎡以上になると，「広場型」が89.8％と最も多くなっていた。サンプル数が限られているため，一般的傾向とするには無理があると考えられるが，特定街区の場合には敷地面積の増加に伴い，「歩道型」の占める割合が減少し，「広場型」が次第に増加するものの，敷地面積が10,000

〜 20,000㎡では，「広場型」の他に，「歩道型」，「貫通通路型」，「側面開放型」の占める割合も相対的に高くなり，公開空地の機能の多様化が見られた。

(2)総合設計

1)公開空地と緑化率

東京都の資料[12)]より総合設計制度の適用を受けた施行地区469箇所のうち，都心3区では247箇所と1/2以上を占めている。本研究では，このうち東京都の建築審査会同意案件の資料において緑化面積が求積されている93件の中から代表事例として無作為に27件抽出し，公開空地と緑化との

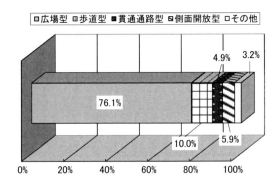

図 3.1.10　特定街区施行地区における公開空地のタイプ別構成

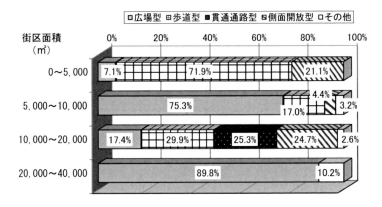

図 3.1.11　特定街区施行地区における公開空地のタイプ別・街区面積別構成

関係について検討を行った。敷地面積と公開空地面積との関係については，図 3.1.12 に示すとおり強い正の相関が認められ，敷地面積の増大に伴い公開空地等の面積も増大する傾向にある。公開空地面積と緑化面積との関係についても図 3.1.13 に示すとおり強い正の相関が認められ，公開空地面積が増大するのに伴い，緑化面積も増大する傾向が認められた。これに対して，敷地面積と緑化率との関係については，図 3.1.14 に示すとおり両者の間に有意な相関は見られず，敷地面積の増大は緑化面積の増大に寄与するものの，緑化率の増大には寄与していない。「緑の政策大綱[17]」等において，市街地内の緑被面積の確保目標は概ね市街地面積の 30％と設定されていることを考慮すると，屋上や壁面とともに敷地内での緑化率のさらなる増大を図ることが必要と考えられる。

2) 公開空地のタイプ別特性

　次に，公開空地の形状を東京都の要綱[18]に基づき，広場状空地を「広場型」，歩道上空地を「歩道型」，貫通通路を「貫通通路型」，ピロティーを「側面開放型」，その他空地を「その他」の 5 つに区分して，面積構成をまとめると図 3.1.15 のとおりである。これより，「広場型」がもっとも多く49.9％と約 1/2 を占めている。次に，「歩道型」(27.0％)，「貫通通路型」(14.3％) の順となっている。特定街区の場合と比較して，「広場型」の占める割合が少なくなっており，「歩道型」と「貫通通路型」の占める割合が相対的に高くなっている。これは，特定街区では複数の建築敷地で街区が構成される場合が多く，敷地間は区画道路によって区分され，敷地内に貫通通路を確保する必要が乏しいのに対して，総合設計の場合には一つの敷地で施行され，敷地規模が増大するにつれ，建築と空地が敷地内部で分節化し，建物相互を連結する道路を敷地内で確保する必要が生じるためと考えられる。

　施行地区の敷地規模別に公開空地のタイプ別構成比率をまとめると，図 3.1.16 に示すとおりである。5,000㎡未満では「歩道型」が50.5％と公開空地全体の約 5 割を占めているが，5,000 ～ 10,000㎡では「広場型」が37.8％と 4 割近くでもっとも多く 10,000 ～ 20,000㎡になると「広場型」が全体の68.0％と 7 割近くを占めている。さらに，20,000㎡以上になると，「広

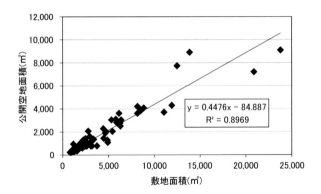

図 3.1.12　敷地面積 [3) と公開空地面積の関係（総合設計）

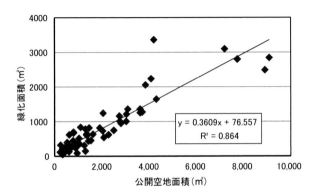

図 3.1.13　公開空地面積と緑化面積の関係（総合設計）

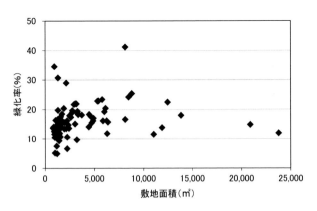

図 3.1.14　敷地面積と緑化率の関係（総合設計）

場型」がもっとも多いが，構成比率としては49.6%と約5割に減少する一方，「貫通通路型」も26.9%に増加している。

　これより，総合設計の場合には，敷地面積の増加にともない「歩道型」の占める割合が減少し，「広場型」が次第に増加するが，敷地面積が20,000㎡を超えると「広場型」の占める割合が減少し，「貫通通路型」の割合が高くなり，敷地規模の違いによる構成比率の違いがみられた。

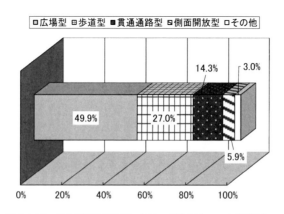

図 3.1.15　総合設計施行地区における公開空地のタイプ別構成

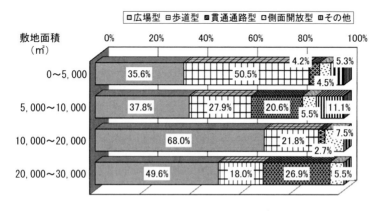

図 3.1.16　総合設計施行地区における公開空地のタイプ別・敷地面積別構成

まとめ

　本研究において，東京都23区において公開空地等を設ける特定街区，総合設計制度の施行箇所の変遷，公開空地と緑化空間の構成の実態について，検討を行った結果，以下の知見を得た。

(1)都心3区(千代田区，中央区，港区)においては，公開空地の面積が都市公園等公立公園の約4割を占め，都心部での緑とオープンスペースの構成上，公的オープンスペースの量的不足を補完するストック形成が図られていた。これは今後の都心部における緑化空間の拡大において，都市公園事業等公的緑地の整備の困難性と大規模な民間敷地等の開発に伴う民有地緑化についての潜在的可能性を示唆している。

(2)街区・敷地規模と公開空地面積との間には，強い正の相関が認められるが，公開空地面積と緑化率との間には有意な相関は認められなかった。これは，緑化率の算定の基礎が街区・敷地面積を単位としている一方，公開空地には広場型や歩道・貫通通路型等の様々なタイプの空地があり，必ずしも緑化を必要条件としない空間機能上の特性によるものと考えられる。

(3)特定街区では，広場型空地が約7割を占めるのに対して，総合設計では広場型空地の構成比が約5割に減少し，歩道型・貫通通路型空地の比率が大きくなっていた。これは，前者が複数の建築敷地により構成される街区であるのに対して，後者が単一の敷地で構成されている制度上の特性によるものと考えられる。

　2004(平成16)年6月に制定された都市緑地法では，「緑化地域」を都市計画に定め，地域内における一定規模以上の建築敷地については緑化率の最低限度が義務づけられた。今後，特定街区制度や総合設計制度による公開空地の確保，東京都の条例による屋上緑化の義務化とともに建築敷地の一定率の緑化を義務づける同制度の活用等により，大規模建築敷地における緑化の推進が図られることにより，都市の中心市街地部における緑とオープンスペースのストックの拡大が期待される。

引用文献

1) 国土交通省都市・地域整備局公園緑地・景観課, 緑化地域制度,「公園と緑」, 国土交通省ホームページ: http://www.mlit.go.jp/crd/park/shisaku/ryokuchi/chiikiseido/index.html

2) 東京都環境局(2001)「東京における自然の保護と回復に関する条例」改正について, 東京都ホームページ: http://www.kankyo.metro.tokyo.jp/nature/guide/protection_recovery_04.htm

3) 国土交通省(2012)全国屋上・壁面緑化施工実績調査結果, 国土交通省ホームページ: http://www.mlit.go.jp/report/press/toshi10_hh_000115.html

4) 木下勇, 中村攻(1996)市街地再開発事業におけるオープンスペースの実態に関する基礎的研究, 造園雑誌59(5), 249-252

5) 平田陽子, 梶浦恒男(1985)分譲マンションの公開空地のあり方に関する研究—大阪市における利用・管理実態調査を通して—, 第20回日本都市計画学会学術研究論文集, 415-420

6) 神野桂人, 李相浩(1988)総合設計制度の運用実態とその問題点に関する研究—大阪市の事例を中心に—, 第23回日本都市計画学会学術研究論文集, 145-150

7) 野島義照, 島尾勝(1989)公開空地等における緑化空間の整備の動向, 造園雑誌(525), 306-311

8) 岡本濃, 越澤明(1999)総合設計制度に基づく札幌都心部公開空地の緑化機能とその特質, 日本建築学会北海道支部研究報告集NO.72, 337-340

9) 熊野稔, 目山直樹(1994)ポケットパークの計画に関する研究—その1. 総合設計制度の公開空地の空間特性, 日本建築学会中国支部研究報告集第18巻, 445-448

10) 東京都(2001)「特定街区事例集」

11) 東京都(2001)「建築統計年報」

12) 東京都(2009)「緑化計画書制度について(平成21年10月1日改正)」, 東京都ホームページ: http://www.kankyo.metro.tokyo.jp/nature/green/plan_system/index.html

13) 特定街区制度, 国土交通省ホームページ: https://www.mlit.go.jp/jutakukentiku/house/seido/kisei/60tokutei.html

14) 総合設計制度, 国土交通省ホームページ: https://www.mlit.go.jp/jutakukentiku/house/seido/kisei/59-2sogo.html

15) 東京都建設局(2002)「公園調書」

16) 東京都(2004)「東京都特定街区運用基準」

17) 建設省(1995)「緑の政策大綱」, 国土交通省ホームページ: http://www.mlit.go.jp/crd/park/joho/seisaku/index. html

18) 東京都(2003)「東京都総合設計許可要綱」

第2章　屋上緑化施設の植栽の形態と公開利用

　近年，都市の周辺部に比して都市中心部の気温が上昇する「ヒートアイランド現象」が顕在化しており，地球温暖化防止対策とともに都市のヒートアイランド対策の強力な推進が必要かつ急務となっている。ヒートアイランド対策を推進するための有効な対策である地表面被覆の改善策として，国の施策[1]等において「屋上・壁面緑化の推進」が位置づけられている。東京都では2001(平成13)年4月に条例を改正し，一定規模超の敷地面積を有する建築物の新築又は改築を行う場合，緑化可能な屋上部の面積の20％超の緑化を行うことを義務づけた[2]。これらの施策により，屋上部の緑化面積は着実に増大が図られている[3]。建築物緑化に関するアンケート調査に基づく先行研究例として，小高ら[4]は，屋上開発研究会が実施したアンケート調査[5]の結果に基づき，地方行政担当者の屋上緑化に対する認識について解析した。鹿土ら[6]は，渋谷区・新宿区に関して屋上緑化施設の分布傾向を調べ，屋上緑化施設は中低層の建築物に多いことを明らかにしている。佐久間ら[7]は，壁面緑化資材会社等45社を対象としてアンケート調査を行い，緑化の目的，緑化の手法，使用した植物の種類等について整理している。武藤ら[8]は建築や緑化に関連した仕事に従事していない被験者を対象に，壁面緑化に関する評価構造を把握するために評価グリッドを用いたヒアリング調査を実施し，壁面緑化計画上の課題を整理している。

　筆者ら[9]は，屋上緑化に従事する民間企業等を対象としてアンケート調査を行い，壁面緑化の市場性や技術的な課題等について検討した。一方，屋上緑化技術に関して，藤田ら[10]は，高木・中木から宿根草を導入した多用な工法・資材を用いた屋上庭園技術の事例を報告している。広永ら[11]は，20種類の植物を用いて土層軽量化と省力管理に向けたヤシ繊維製土のうによる屋上緑化技術を報告している。木野村ら[12]は，オフィスワーカーを対象として緑化された屋上の休憩機能としての機能を評価している。

　今後，屋上緑化技術を都市市街地において，さらに普及・発展させていくためには，ヒートアイランド対策等都市環境の改善を図る上で緑化施設

の内容や維持管理の状態等についても検討を行い，都市の緑とオープンスペースの有機的なネットワークを形成していく上での拠点として適切に評価していくことが必要と考えられる。

そこで，本章では，既存の文献等[13]～[29]を基に，一定規模のまとまりのある屋上緑化を行っている建築物を対象として行ったアンケート調査の結果から，公共施設と民間施設との比較により屋上緑化施設の公開，植栽形態と費用の実態について検証した。

1. 調査の方法

今回のアンケート調査では，屋上緑化を行っている建築物で，緑化面積が100㎡超の建築物について，既往の文献等から407件を調査対象とした。このうち，公共建築は119，民間建築は288であった。調査票の配布期間は，2008(平成20)年1月18日より3月7日まで実施した。アンケート調査の実施概要は**表3.2.1**に示すとおりであり，有効回答数は全体で99，有効回答率は24.3％であった。このうち，公共建築からの回答数は46(有効回答率38.7％)，民間建築からは53(有効回答率18.4％)であった。

なお，調査対象とした屋上緑化の規模を100㎡超とし，施設の公開による利用状況の把握に重点を置いたことから，マンション等の住宅施設については調査の対象外とした。集計にはSSRI WASS 即析集計クエリーver2.0を用いた。アンケート調査に用いた質問項目は，**表3.2.2**に示すとおりである。なお，本章で扱う「利用」とは，整備された屋上緑化施設について施設内に立ち入り，植物や庭園の観賞，散策，休息等に供する行為を総称した概念として定義する。また，「公開」とは建築居住者や勤務者

表3.2.1　アンケート調査項目

調査票配布期間	2008年1月18日～3月7日		
(1)公共建築計	配布数：119	有効回答数：46	有効回答率：38.7％
(2)民間建築計	配布数：288	有効回答数：53	有効回答率：18.4％
合計	配布数：407	有効回答数：99	有効回答率：24.3％
配布・回答方法	郵送		

表 3.2.2　アンケート調査の概要

区分	質問項目・関連項目
1. 屋上緑化への取組み	問 1　建築物の用途
	問 2　屋上緑化の動機
	問 3　屋上緑化の目的（M.A.）
	問 4　屋上緑化した効果の度合
2. 緑化形態・植物形態	問 5　屋上緑化の主な形態
	問 6　屋上緑化植物の形態（植物名は F.A.）
3. 緑化施設	問 7　屋上緑化施設の重量
	問 8　屋上緑化の土壌厚
	問 9　灌水装置の有無・種類
4. 屋上緑化の利用	問 10　屋上緑化への立入り利用
	問 10 － 1　屋上緑化施設の利用者の制限
	問 10 － 2　屋上緑化施設の利用日の制限
	問 10 － 3　屋上緑化施設の利用時間の制限
	問 10 － 4　屋上緑化施設の利用者
	問 10 － 5　屋上緑化施設利用者の来場範囲
	問 10 － 6　屋上緑化施設の年間利用者数
	問 10 － 7　屋上緑化公開のメリット（M.A.）
	問 10 － 8　屋上緑化公開のデメリット（M.A.）
	問 10 － 9　屋上緑化施設の企画行事開催
	問 10 － 10　屋上緑化施設の企画行事開催頻度
5. 屋上緑化の助成	問 11　屋上緑化の行政からの助成・優遇措置
	問 11 － 1　屋上緑化の行政からの助成・優遇措置（M.A.）
6. 屋上緑化の費用	問 12　屋上緑化の施工費
	問 13　屋上緑化の維持管理費
7. 屋上緑化の維持管理	問 14　屋上緑化の維持管理作業項目（M.A.）
	問 15　屋上緑化の維持管理作業委託状況
	問 16　屋上緑化のコスト高維持管理作業項目
	問 17　屋上緑化の維持管理上の問題点（M.A.）
8. 屋上緑化の要望	問 18　屋上緑化の存続希望年数
8. 屋上緑化の要望	問 19　屋上緑化具体化上の考慮点（M.A.）
	問 20　屋上緑化の行政に対する要望（M.A.）
9. その他	問 21　屋上緑化普及に対する意見（F.A.）

（注）M.A. は複数回答，F.A. は自由回答。

以外の第三者も屋上緑化施設を利用できる状態を言う。

2. 調査の結果

2.1　建築物の用途

　図 3.2.1 に今回の調査対象とした屋上緑化施設の建築用途を示す。

　公共施設では官公庁施設が 58.7％と全体の 1/2 以上を占め，次いで学校とその他が 13.0％，工場が 6.5％となっていた。工場には，廃棄物処分場等が含まれている。

　一方，民間施設では，事務所が 35.8％と全体の 1/3 強を占め，次いで店舗・商業施設が 24.5％，学校が 17.0％の順となっていた。これより，官公庁施設は公共の建築物が主体となっているのに対して，事務所と店舗・商業施設は民間主体となっていた。学校，病院については公共よりも民間の比率が高くなっていた。

2.2 屋上緑化の緑化面積と公開の状況

　調査原票から公開している建築物の緑化面積を集計した結果は，

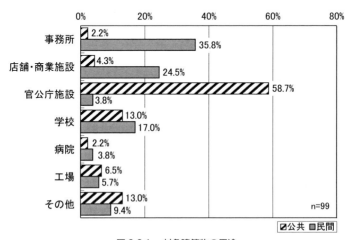

図 3.2.1，対象建築物の用途

表 **3.2.3** のとおりである。これより，調査対象の建築件数で見ると，公開
している建築物が 65 件，非公開の建築物が 34 件となっており，約 6 割の
建築物の屋上緑化施設が公開されていた。公開されている建築物の内訳と
して，公共の建築物が 28 件，民間の建築物が 37 件であり，公開の割合で
は公共が約 6 割，民間が約 7 割の施設で公開されていた。また，整備され
た屋上緑化面積は全体で 202,921㎡であり，このうち公開されている緑化
施設面積は 174,921㎡と全体の 8 割強を占めた。公開されている緑化施設
面積では，公共建築が 135,938㎡と公開面積全体の約 9 割を占めていた。平
均面積で見ると公開されている施設では公共建築が 4,855㎡，民間建築が
1,054㎡となり，両者の間には大きな差が見られた。さらに，公開の時間に

表 3.2.3　緑化施設面積の内訳

区分		公開	非公開	計
公共	件数	28	18	46
	計	135,938 ㎡	15,798 ㎡	151,736 ㎡
	平均	4,855 ㎡	878 ㎡	3,299 ㎡
民間	件数	37	16	53
	計	38,983 ㎡	12,202 ㎡	51,185 ㎡
	平均	1,054 ㎡	763 ㎡	966 ㎡
合計	件数	65	34	99
	計	174,921 ㎡	28,000 ㎡	202,921 ㎡
	平均	2,651 ㎡	824 ㎡	2,050 ㎡

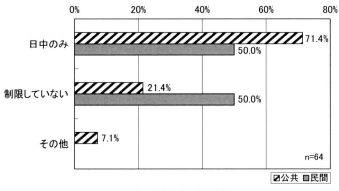

図 3.2.2　屋上緑化の利用制限

表 3.2.4　緑化された建物の階数

区分	公共	民間
低層（1 階〜 2 階以下）	24 (48.0%)	18 (26.5%)
中層（3 階〜 5 階以下）	19 (38.0%)	24 (35.3%)
高層（6 階超）	7 (14.0%)	26 (38.2%)

ついての制限があるかについて尋ねた結果は**図 3.2.2** に示すとおりである。

　公共と民間の別に見ると，公共建築では「日中のみ」と制限している施設が 71.4％を示したのに対して，民間建築では 50.0％となっており，「日中のみ」の制限は公共が民間を上回る一方，「制限していない」施設については，公共建築が 21.4％に対して，民間建築が 50.0％を示し，民間が公共を大きく上回っており，両者の間には x^2 検定の結果，有意な差が認められた（ $p < 0.05$ ）。

　また，屋上緑化されている建物の階数について回答よりまとめると，**表 3.2.4** に示すとおりである。屋上緑化が複数階に及んだ事例も含まれているため，回答数には複数回答を含んでいる。これより，公共建築では全体の 8 割超が 5 階以下の中低層部であり，同じく民間建築では約 6 割が中低層部となっており，いずれも中低層部の緑化の割合は高いものの，公共の方が中低層部の占める割合は高かった。なお，低層，中層，高層の区分は「長寿社会対応住宅設計指針[補注 1]」をもとに行った。

2.3　屋上緑化の施設形態と植栽形態

　屋上緑化の施設形態をまとめると、**図 3.2.3** に示すとおり，公共建築では，「庭園」が 56.6％で最も多く，次いで「芝生」26.1％，「コケ・セダム類」13.0％と続いている。これに対して，民間建築では，「庭園」が 47.8％，「芝生」15.1％に次いで「花壇」が 11.3％となっていた。いずれの場合も約半数の建築物では，庭園として整備されていたことから，屋上緑化施設の形態として，観賞や散策等の利用が図られる施設として屋上が緑化されている傾向が示唆された。

　公共と民間の間では有意な差は見られなかったが，庭園，菜園，花壇で

は民間の方が公共よりも上回っていたのに対して，芝生，コケ・セダム類では公共の方が民間を上回る傾向が見られた。

　次に，屋上緑化の植栽形態についてみると，**図3.2.4**に示すとおり，公共建築では「低木」が33.7％と約1/3を占め，次いで「芝生類」が23.5％，「中木」が16.3％，ハーブ等の「草本類」が12.2％の順であった。

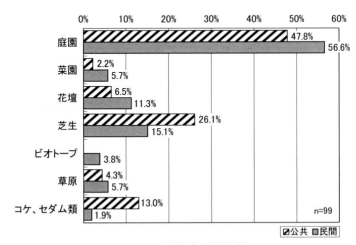

図 3.2.3　屋上緑化の施設形態

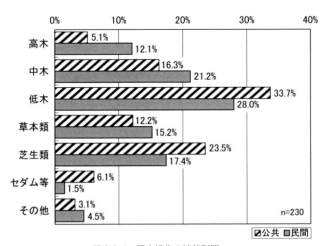

図 3.2.4　屋上緑化の植栽形態

一方，民間建築においては「低木」が28.0%，次いで「中木」21.2%，「芝生類」17.4%，「草木類」が15.2%の順となっていた。これより，低木や芝生，セダム等の植物では公共の方が民間を大きく上回っていたのに対して，高木や中木の樹木植栽，ハーブ等の草本類は民間の方が上回る傾向が見られた。ここで，樹木の区分は，「道路緑化技術基準・同解説[30]」の基準を参考として，「高木」は樹高3m以上の樹木，「中木」は1m以上3m未満，「低木」は1m未満とした。

　また，各々の建築物の屋上に植栽されている主な植物を多い順に上位3

表 3.2.5　屋上緑化に使用された主な植物種

植栽区分	1位順位		2位順位		3位順位	
	種名	件	種名	件	種名	件
高木	クスノキ シマトネリコ	2 2	オリーブ	2	オリーブ モミジ コナラ ヒメユズリハ	3 3 2 2
	計	4	計	2	計	10
中木	マサキ ブルーベリー ソヨゴ	2 2 2				
	計	6	計	―	計	―
低木	ツツジ類 サツキツツジ アベリア類 アセビ クチナシ	3 2 2 2 2	ツツジ類 イヌツゲ	4 3	アジサイ バラ	2 2
	計	11	計	7	計	4
草本類	タイム類 タマリュウ シバザクラ	4 2 2	ローズマリー ラベンダー ヤブラン ヘデラ類	5 3 3 2		
	計	8	計	13	計	―
芝生類	コウライシバ ノシバ類	13 5	コウライシバ	4	ノシバ類	2
	計	18	計	4	計	2
セダム等	セダム類	2				
	計	2	計	―	計	―

位までを記述してもらい，各順位毎に回答数2以上の植物を植栽区分別，使用頻度別にまとめると**表3.2.5**のとおりであった。これより，1位順位の中では，コウライシバ(13件)，ノシバ類(5件)の芝生類(合計18件)の使用頻度が高く，次いでツツジ類(3件)，サツキツツジ(2件)，アベリア類(2件)，アセビ(2件)等の低木(合計11件)が多く使用されていた。

　2位順位では，ローズマリー (5件)，ラベンダー (3件)，ヤブラン(3件)等の草本類(合計13件)の使用頻度が高く，次いでツツジ類(4件)，イヌツゲ(3件)の低木(合計7件)が使用されていた。

　これに対して3位順位になると，オリーブ(3件)，モミジ(3件)，コナラ(2件)，ヒメユズリハ(2件)等の高木(合計10件)の使用頻度が高くなっていた。これらの植栽種については，アンケート調査の回答結果によるものであり，回答者の植物に対する知識の差異により影響を受けるため，使用されている植栽種の実情については，実測調査を行う等によりさらに検討を行うことが必要と考えられる。

2.4　屋上緑化施設の土層厚

　屋上緑化施設の植栽基盤となる土層の厚さは，**図3.2.5**に示すとおり公共建築では「20cm 超～ 50cm 以下」が50.0 ％と全体の1/2を占め，次いで，

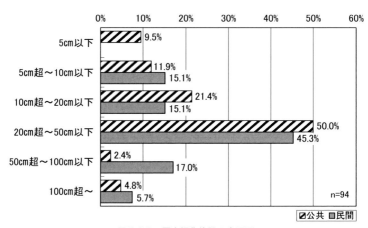

図 3.2.5　屋上緑化施設の土層厚

表 3.2.6　樹木植栽の形態と土層厚

土層厚	公共施設			民間施設		
	高木	中木	低木	高木	中木	低木
5cm 以下	0	0	0	0	0	0
5cm 超〜 10cm 以下	0	1	1	0	1	2
10cm 超〜 20cm 以下	0	3	7	0	4	3
20cm 超〜 50cm 以下	3	10	18	6	14	20
50cm 超〜 100cm 以下	1	0	1	7	6	7
100cm 超	1	1	2	3	3	5

「10cm 超〜 20cm 以下」が21.4％，「5cm 超〜 10cm 以下」が11.9 ％の順であった。これに対して，民間建築では「20cm 超〜 50cm 以下」が45.3 ％，「50cm 超〜 100cm 以下」が17.0％，「10cm 超〜 20cm 以下」と「5cm 超〜 10cm 以下」が15.1％の順となっていた。

　民間建築では「5cm 以下」の土層厚は見られなかったのに対して，「50cm 超〜 100cm 以下」では民間建築が17.0％を示して公共建築の2.4％を大きく上回っており，民間建築の方が公共建築よりも土層厚の厚い緑化施設が多い傾向が見られた。このことは，高木・中木を植栽する屋上緑化施設の土層厚分布を示した**表 3.2.6** から見られるとおり，土層厚 50cm超では，高木・中木の植栽本数が民間建築の方が多いことによると考えられる。

2.5　屋上緑化施設の耐荷重量

　屋上緑化施設の耐荷重量は，**図 3.2.6** に示す。ここで，耐荷重量の区分として，荷重の分類は，建築基準法施行令第85条で定められている「屋上広場・バルコニーの積載荷重」を参考とした。

　これより，公共建築では「300kg/㎡超〜 500kg/㎡以下」が28.6％と最も高く，次いで「60kg/㎡以下」が16.7％，「60kg/㎡超〜 130kg/㎡以下」，「60kg/㎡超〜 130kg/㎡以下」と「130kg/㎡超〜 180kg/㎡以下」が11.9％と続いている。

　一方，民間建築では，「240 kg/㎡超〜 300kg/㎡以下」が34.0％と最も多く，次いで「60kg/㎡以下」と「300kg/㎡超〜 500kg/㎡以下」がとも

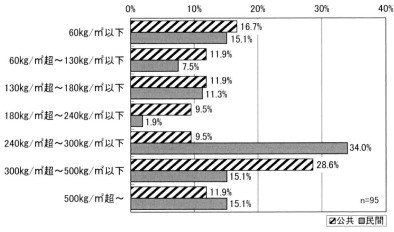

図 3.2.6　屋上緑化施設の耐荷重量

に 15.1％となっていた。これより，180kg／㎡以下では両者の傾向に大差
は見られないが，「180kg／㎡超 〜 240kg／㎡以下」と「300kg／㎡超 〜
500kg／㎡以下」では公共が民間を大きく上回ったのに対して，「240kg／㎡
超 〜 300kg／㎡以下」では民間が公共を大きく上回っていた。

　民間建築では「240kg／㎡超 〜 300kg／㎡以下」が最も高い割合を占めて
おり，公共建築では「300kg／㎡超 〜 500kg／㎡以下」の割合が最も高い割
合を占め，公共建築の方が民間建築よりも植栽基盤となる土壌や植物を積
載した重量の大きい施設が多い傾向が見られた(p ＜ 0.1)。

　以上により，耐荷重量では公共建築の方が民間建築よりも大きく，強固
な構造となっていることが窺える。植栽構造は民間の方が樹木の割合が高
い傾向であることを勘案すると，公共では植栽形態に比して，より許容量
の大きい建築構造となっている傾向が窺える。

2.6　屋上緑化の施工費

　屋上緑化の施工費については，**図 3.2.7**(無回答を除く)に示すとおり，
公共建築では屋上緑化施設 1㎡当たりの単価で，「2 万円超 〜 5 万円／㎡以
下」が 31.6％と最も多く，次いで「1 万円超 〜 2 万円／㎡以下」が 26.3％，

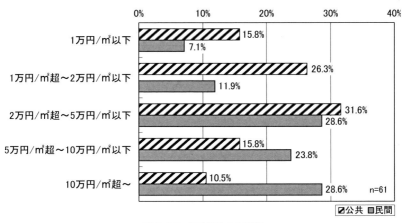

図 3.2.7　屋上緑化の施工費

「1万円／㎡以下」と「5万円超〜10万円／㎡以下」が15.8％の順となって
いた。これに対して，民間建築では，「2万円超〜5万円／㎡以下」と「10
万円／㎡超〜」が28.6％と最も多く，次いで「5万円超〜10万円／㎡以下」
が23.8％となっていた。公共と民間の別では，両者の間に有意な差は認め
られないものの，2万円以下では公共の方が民間を上回っているのに対し
て，5万円超では民間の方が公共よりも大きく上回っており，10万円超で
はその差がさらに大きくなる傾向が窺えた。

　表3.2.6 に示す植栽区分のうち高木・中木を植栽していた建築物について，
施工費，維持管理費の各々の構成をまとめると表3.2.7 に示すとおり，施工
費については，㎡当たりの単価が5万円／㎡超の建築物が半数超を占めてい
る。さらに，このうち百貨店やホテルのような集客性の高い民間建築につい
てみると，表3.2.8 に示すとおり約7 割が5万円／㎡超であり，2万円／㎡
以下は見られなかった。

　以上により，今回調査対象とした建築物において整備された緑化施設につ
いて，民間建築の方が公共建築よりも緑化された施設への投資額は大きく，
これは緑化施設の植栽形態として公共施設よりも高木・中木の樹木をより多
く植栽する傾向を反映していると考えられる。

表 3.2.7　高木・中木を主体とした屋上施設

施工費		維持管理費	
区分	施設数	区分	施設数
1 万円 /㎡以下	1	1 千円 /㎡以下	2
1 万円 /㎡超～ 2 万円 /㎡以下	2	1 千円 /㎡超～ 2 千円 /㎡以下	1
2 万円 /㎡超～ 5 万円 /㎡以下	2	2 千円 /㎡超～ 5 千円 /㎡以下	4
5 万円 /㎡超～ 10 万円 /㎡以下	4	5 千円 /㎡超～ 10 千円 /㎡以下	3
10 万円 /㎡超～	3	10 千円 /㎡超～	2

表 3.2.8　百貨店・ホテルの施工費と維持管理費

施工費		維持管理費	
区分	施設数	区分	施設数
1 万円 /㎡以下	0	1 千円 /㎡以下	0
1 万円 /㎡超～ 2 万円 /㎡以下	0	1 千円 /㎡超～ 2 千円 /㎡以下	0
2 万円 /㎡超～ 5 万円 /㎡以下	2	2 千円 /㎡超～ 5 千円 /㎡以下	3
5 万円 /㎡超～ 10 万円 /㎡以下	3	5 千円 /㎡超～ 10 千円 /㎡以下	2
10 万円 /㎡超～	2	10 千円 /㎡超～	2

2.7　屋上緑化の維持管理費

　屋上緑化施設 1㎡当たりの維持管理費については，**図 3.2.8**（無回答を除く）に示すとおり，公共建築では「1 千円 /㎡以下」が 67.6％と最も多く，次いで「1 千円 /㎡超～ 2 千円 /㎡以下」と「2 千円 /㎡超～ 5 千円 /㎡以下」が共に 14.7％となり，維持管理に要するコストは 5 千円 /㎡以下の建築物が全体の 97.0％を占めた。これに対して，民間建築では「1 千円 /㎡超～ 2 千円 /㎡以下」と「2 千円 /㎡超～ 5 千円 /㎡以下」が共に 26.3％を示し，次いで「1 千円 /㎡以下」が 21.1％となっていた。公共では 1 千円 /㎡以下の維持管理費が全体の約 7 割を占め，民間より割合が高く，その差も顕著であり，x^2 検定の結果，両者の間には有意な差が認められた（ p ＜ 0.01）。

　一方，民間では 1 千円～ 5 千円 /㎡以下の範囲が半数以上を占めた。高木・中木を植栽した建築物について，維持管理費の構成をまとめると**表 3.2.7**に示すとおり㎡当たりの単価が 2 千円超の建築物が 3/4 を占めていた。

　さらに，百貨店やホテルのような集客性の高い民間建築についてみると，

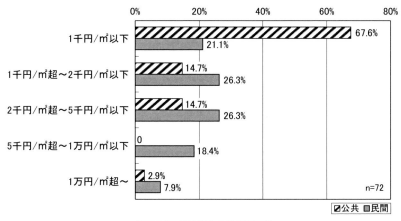

図 3.2.8　屋上緑化の維持管理費

表 3.2.8 に示すとおり維持管理費については約 6 割が 5 千円超であり，2
千円以下は見られなかった。維持管理費に 5 千円 /㎡超をかけている公共
施設はほとんど見られないことから，緑化施設の維持管理に係るコストに
ついても民間建築の方が公共施設よりもコストをかけて緑化施設を維持管
理している傾向が見られた。

まとめ

　アンケート調査の結果から，屋上緑化の公開と整備された緑化施設の植
栽形態，建設及び維持管理に要する費用等の実態について，公共施設と民
間施設の比較検討を行った。

　整備された緑化施設の公開の状況として，調査対象とした緑化施設面積
の約 8 割を公共施設が占め，1 件当たりの平均面積も公共が約 4,824㎡ /
件で，民間の約 4.6 倍の大きさを示し，公開された緑化面積の平均はいず
れも 1,000㎡ / 件を上回っている。これに対して，非公開の屋上緑化施設
では，公共・民間とも平均面積 1,000㎡ / 件以下となっており，緑化施設
を公開するための必要面積規模としては緑化面積が 1,000㎡を上回ること
が計画・設計上の目安となることが示唆された。

屋上緑化施設の公開時間については，屋上への立ち入りを夜間制限している比率が，公共の方が民間を大きく上回っていた。鹿土ら[6]は東京都新宿区と渋谷区を対象に屋上緑化施設の分布傾向を調べた結果から，屋上緑化施設はどの建物用途においても中低層の建物が多いことを報告している。今回の調査結果からは，公共，民間とも中低層部の緑化の割合は高いものの，公共の方が中低層部の占める割合は高い傾向が見られた。

　また，公共建築の方が公開されている屋上緑化施設の夜間への立ち入り制限が多い割合を示したのは，民間建築にはホテルや大規模商業施設の屋上や大規模な再開発によって公開空地等と一体的に整備された施設が含まれているのに対して，公共建築には区役所や博物館，清掃工場等の施設が含まれており，夜間は敷地内への立ち入りが制限されている場合が多いためと考えられる。このことについては，今後実地調査等によりさらに検証を行うことが必要と考えられる。

　次に，屋上緑化の施設形態として庭園の占める割合が公共・民間とも約半数を占めていた。このことから，屋上緑化の目的として，ヒートアイランド対策等の環境保全目的はもとより，屋上を鑑賞や散策等の場として利用が可能な修景的な要素も取り入れた緑化空間として整備されつつあることを示唆している。また，整備された植栽の形態についてみると，公共建築の場合には，芝生やセダム等の比率が民間建築の場合よりも高くなっているのに対して，高木・中木の樹木植栽の比率については民間の方が高い傾向となった。このことは，土層厚50cm超，施工費5万円/㎡超，維持管理費5千円/㎡超については，いずれも民間と公共の間で顕著な差が見られたことからも裏付けられた。公開されている面積は，民間建築の方が少ないが，公開されている民間建築では，百貨店やホテル等集客性の高い民間施設が含まれていることもあり，日本庭園等に見られるように樹木の種類も高木から低木まで多様な種類が使用され，施設内での観賞や散策を目的として公開された緑化施設が整備されている。今後の低炭素社会の実現等に資する都市空間を構成していくためには，屋上緑化にもCO_2の吸収・固定能力の高い高木等の樹木の活用を推進していくことが必要と考えられ，公共施設において積極的な取り組みを図り，普及していくことが課題

と考えられる。

　一方，耐荷重量については，㎡当たり 300kg では公共の方が民間より
も高い比率を示した。公共建築では公開されている緑化施設の面積規模も
民間建築よりは大きく，㎡当たりの整備単価が低く抑えられ，維持管理の
単価も㎡当たり 1,000 円以下が大半を占めることから，高木や中木等の植
栽された多様な植栽形態は避けられ，芝生類や低木類が主体の植栽形態と
なっている。これに対して，民間建築では集客性の高い施設が含まれてい
ることから，顧客サービスと集客効果をより高めるために植栽の構成も高
木や中木も植栽された施設が整備されるとともに，整備水準を維持するた
めに必要となる相応の維持管理コストも負担していると考えられる。なお，
公共建築と比較して耐荷重量が小さい民間建築において，高木等荷重のか
かる植栽がより多く見られるが，これは土壌の軽重，薄層化や薄層の土壌
に対応した植栽材料の使用等による技術的な対応 13),17) により樹木の植栽
を可能としているものと推察される。

　本章では，既存の文献等から一定規模以上の屋上緑化施設を抽出してア
ンケート調査を行っており，調査対象施設も大半が東京都内であったため，
屋上緑化施設一般の傾向とすることには無理がある。また，文献等に掲載
された屋上緑化施設については，もともと緑化に対応した構造特性を有す
る建築物が大半を占めていたことから，比較的優良事例を多く含んでいた。
さらに，植栽状況についても，主要植栽についてアンケートに記述された
結果に基づいており，植栽構成の実態についても実地調査等で追跡するこ
とが必要と考えられる。このため，今後対象範囲やサンプル数の拡大を図
るとともに，実地調査を行う等により，調査の精度を高め，さらにデータ
を蓄積し，検証していく必要があると考えられる。

　屋上緑化施設において植栽の種類を高木も植栽されたより多様性のある
空間として構成していくためには，屋上緑化施設を都市住民の多様な利用
に供する緑とオープンスペースの拠点として緑地計画上の位置づけを明確
化していくことも必要である。また，東京都のマンション環境性能表示制
度 31) に見られるように整備された緑化施設の質を客観的に評価できる制
度を一般化していくことが技術的課題と考えられる。今後，低炭素社会の

実現，都市景観の向上や生物多様性の維持，防災性の向上をはじめ都市住民の身近な自然とのふれあいの場を提供する等屋上緑化施設の有するこれらの多面的な機能に留意し，整備される緑化施設の公開性と植栽構成の多様性，維持管理水準の質を高めていくための手立てについて，官と民が適切な役割分担の下で構築し，検証していく必要があると考えられる。

補 注

1) 「長寿社会対応住宅設計指針」第3条では6階超の高層住宅にはエレベーターを設置するとともに，できる限り3～5階の中層住宅等にもエレベーターを設けることになっており，高層と中層を分類している。
http://www.jaeic.or.jp/hyk/sisin.htm，(1995.6.23 参照)

引用文献

1) 関係府省連絡会議，ヒートアイランド対策大綱，環境省ホームページ：
http://www.env.go.jp/press
2) 東京都(2001)東京における自然の保護と回復に関する条例第14条，東京都ホームページ：
http://www2.kankyo.metro.tokyo.jp/sizen/jorei/joubun/sizenho go_jyourei.htm
3) 東京都環境局(2008)東京都における屋上等緑化指導実績，東京都ホームページ：
http://www2.kankyo.metro.tokyo.jp/green/shyukei
4) 小高典子・梅干野 晃・田中稲子(2001)都市の屋上緑化に対する一般利用者及び行政担当者の認識に関する調査研究，日本建築学会大会学術講演梗概集(関東)，723-724
5) 建設省住宅局市街地建築課・屋上開発研究会(1999)都市における建築物等の緑化に関するアンケート調査，30 pp.
6) 鹿土由里子・岸本達也(2006)東京都区部における屋上緑化の現状に関する研究，日本建築学会大会学術講演梗概集 (関東)，661-662
7) 佐久間護・輿水 肇・原田鎮郎・武藤 浩(2001)建築物の壁面緑化に関する研究その1緑化の目的と緑化手法の現状，日本建築学会大会学術講演梗概集 F-1 分冊，681-682
8) 武藤 浩・輿水 肇・原田鎮郎・佐久間 護(2001)建築物の壁面緑化に関する研究その2一般人の評価構造に基づく計画上の課題の抽出，日本建築学会大会学術講演梗概集 F-1 分冊，683-684

9) 鈴木弘孝・小島隆矢・嶋田俊平・野島義照・田代順孝(2005)壁面緑化に関する技術開発の動向と課題，日本緑化工学会誌31(2)，247-259

10) 藤田茂・今井一隆(2003)多様な工法・緑化資材を使用した屋上庭園，造園技術報告2，110-113

11) 広永勇三・福沢敏・菊池直樹(2003)土層軽量化と省労力管理に向けたヤシ繊維土のうによる屋上緑化の検討，造園技術報告2，98-101

12) 木野村泰子・下村孝(2008)オフィスワーカーが休憩のために訪れる屋上の現状と屋上緑化の今後のあり方，ランドスケープ研究，71(5)，27-832

13) 『ディテール151』(2002)環境緑化新聞，152pp.

14) 『建築技術』(2002)(株)建築技術，268pp.

15) 『建築設計資料85屋上緑化・壁面緑化』(2002)建築資料研究社，208pp.

16) 国土交通省(1994)「緑の政策大綱」，国土交通省ホームページ：
http://www.mlit.go.jp/toshi/parkgreen_fr_000033.html

17) 『LANDSCAPE & GREENERY』(2005)環境緑化新聞，178pp.

18) 日経アーキテクチュア編(2003)『実例に学ぶ屋上緑化』，日経BP社，189pp.

19) 日経アーキテクチュア編(2006)『実例に学ぶ屋上緑化2』，日経BP社，214pp.

20) 日本政策投資銀行(2004)『都市環境改善の視点から見た建築物緑化の展望』，日本政策投資銀行，74pp.

21) 『緑化建築年鑑2005』(2005)創樹社，346pp.

22) 『最新の緑化建築技術』(2006)創樹社，233pp.

23) 建築物緑化編集委員会(2005)『屋上・建築物緑化事典』，産調出版，398pp.

24) 『都市空間を多彩に創造する』(2006)講談社，224pp.

25) 東京都新宿区(1994)『都市建築物の緑化手法』，彰国社，127pp.

26) 『都市公園No.155』(2001)(財)東京都公園協会，105pp.

27) 山田宏之(2001)『屋上緑化の全てがわかる本』，環境緑化新聞，166pp.

28) (財)都市緑化技術開発機構編(1996)『特殊空間緑化シリーズ②新・緑空間デザイン技術マニュアル』，誠文堂新光社，237pp.

29) (財)都市緑化技術開発機構編(1996)『特殊空間緑化シリーズ④新・緑空間デザイン技術マニュアル』，誠文堂新光社，231pp.

30) 『道路緑化技術基準・同解説』(1988)日本道路協会，340pp.

31) 東京都環境局(2005)マンション環境性能表示制度の概要，東京都ホームページ：
http://www.metro.tokyo.jp/INET/OSHIRASE/2005/05/20f5u200.html

第3章　壁面緑化の心理的効果

　近年，都市のヒートアイランド現象の緩和を目的とした市街地内の建物の屋上や壁面等の緑化が積極的に推進されており，建物緑化によるヒートアイランド緩和効果について研究蓄積が図られている[1),2),3)]。屋上や壁面等の建物緑化には，ヒートアイランドの緩和等の暑熱環境改善効果の他，良好な都市景観の形成や降雨流出量の抑制，大気の浄化，多様な生物の生息場等の多面的な環境改善効果が報告されている[4)]。一方，建物緑化の利用効果として，都市を生活の場とする市民の良好な生活環境を維持改善していく上で，都市の緑(植物)がもたらす精神的な癒しやリラックス等の心理的効果が期待できる[4)]。建物緑化のうち，壁面緑化は立面の緑化により緑視率の向上に寄与することが報告されている[4)]。

　壁面緑化が人に及ぼすリラックス等の心理的効果に関する先行研究例として，武藤[5)]は壁面緑化に関する視覚的・心理的な側面から評価構造を把握するために，壁面緑化の事例写真を用いた評価グリッド法によるヒアリング調査を実施し，壁面緑化計画上の課題を整理している。澤田ら[6)]は壁面緑化の視覚的効果に関する研究を試み，壁面緑化された既存の建物より評価項目の抽出を行い，緑化対象建築と周辺の建築の高さ関係と緑化立面の構成により心理評価モデルを設定して心理効果の違いなどに関する具体的に知見をとりまとめている。中橋ら[7)]は歩行時の見え方による壁面緑化の印象について，壁面緑化のタイプを六つに分類し，タイプごとに「道向き，斜め向き，立面向き」の三つの角度の違う写真を示して緑化の視覚的効果の検証をした結果，見る角度の違いによって印象が異なることを明らかにしている。中橋ら[7)]は「実際の都市生活で立面(壁面)緑化を見るのは歩行時に見る状況が多い」ことを指摘し，澤田ら[6)]は壁面緑化の心理的効果に関する課題として「移動の視点を含めた視点の設定による評価」の必要性を指摘している。これまでの壁面緑化に関する心理的効果の研究例では，いずれも座位で静止状態での調査例に限られ，中橋ら[7)]の研究も対象は視点を変えた写真が対象となっており，実際に歩行して壁面緑化の心理

的効果を検証した例はほとんど見られない。今後の都市における緑化計画を検討していく上において，壁面緑化をオフィスや休憩コーナー等において静止の状態で視認する場合とともに，通学や通勤時などでの歩行時のストレス緩和や癒し等の心理的効果を検証していくことが必要と考えられる。

そこで，本章では大学構内に設置されている実物のモッコウバラ(*Rosa banksiae* R.Br.)の緑化壁と隣接するコンクリート壁を対象として，それぞれの壁面の前で椅子座位(以下「座位」)の状態と壁面を眺めながら歩いた(立位歩行：以下「歩行」)後に，POMS 試験と SD 法による印象評価を行い，行動パターンの違いによる壁面緑化のもたらすリラックスや癒し等の心理的効果を検証することを目的とし，STAI Y-2 の調査結果とアンケート調査結果より，心理的効果と被験者の属性である特性不安及び植物との関わりとの関連性について検討を行った。

2. 研究の方法

2.1 調査日と対象壁面と被験者への事前説明

調査の実施場所は，城西国際大学キャパス(千葉県東金市)のローズガーデン内で，調査期間は 2018(平成 30)年 6 月 22 日～7 月 13 日の間の晴天日に実施した(**表 3.3.1** 参照)。調査の対象壁面としては，ローズガーデン内にある壁面緑化施設(以下「緑化壁」)と隣接するコンクリート壁(以下「コンクリート壁」)を対象物として選定した。緑化壁は，ローズガーデン東側に隣接する食堂棟の建物壁面沿いにトレリスが設置され，トレリス沿いにモッコウバラが登攀し，タテ 5.4m，ヨコ 8.2m のトレリス全面を被覆していた。

図 3.3.1 に対象壁面と被験者が座位の状態で計測した際の壁面と被験者との位置関係を示す。緑化壁は建物の南西側，コンクリート壁は建物の南東側に面しており，被験者が二つの壁面を同時に視認することはできない。緑化壁前のバラの植込みは，花が一部開花していたが，香りの影響はなく，視覚上も仰角で壁面を視認し，視認時に直接の影響がないことを事前調査

表 3.3.1　調査の実施日と被験者の内訳

調査日 月 / 日	天候	気温 (注1)	被験者 数	20歳〜25歳		調査順序 (注2)	
				男性	女性	コンクリート壁	緑化壁
6/22	晴	24.5℃	7名	5名	2名	4名	3名
6/27	晴	30.5℃	1名	1名	0名	0名	1名
6/29	晴	31.1℃	4名	2名	2名	2名	1名
7/3	晴	32.1℃	2名	1名	1名	1名	2名
7/11	晴	32.1℃	8名	5名	3名	5名	3名
7/13	晴	34.1℃	2名	2名	0名	0名	2名
計			24名	16名	8名	12名	12名

(注1) 気温は，近隣の茂原気象台の 13〜15 時の平均気温である。
(注2) 「コンクリート壁」は，コンクリート壁→緑化壁の順。「緑化壁」は，緑化壁→コンクリート壁の順
に実施した。

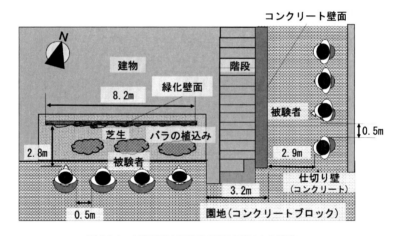

図 3.3.1　対象壁面と被験者 (座位の場合) の位置

で確認した。調査対象とした被験者は，城西国際大学に在学する 20 〜 25
歳の学生 24 名で，男性 16 名，女性 8 名であった。大学生を被験者として
選定した理由は，対象とした壁面がキャンパス内にあり，同じキャンパス
内で生活していること，調査の実施に当たり事前の説明と同意を得て均質
なサンプル数が得やすいと判断したこと，による。なお，調査を実施する
前には研究計画について大学内の研究倫理審査を受けるとともに，被験者

となる学生に対して研究の概要，調査の内容と個人情報の保護等について，事前に説明会を開催し，参加意思を表明した学生（被験者）から同意書を提出してもらった後に，「STAI Y-2」調査票を配布し，調査の実施日までに記入を済ませるように依頼して，実施日に回収した。アンケート調査の実施状況を，**表 3.3.1** に示す。

2.2　実施したアンケート調査の種類

　対象壁面を眺めたときの感情状態を評価するため「POMS 試験」を行い，印象評価については「SD 法」により測定した。また，既往研究では個人差が影響する可能性が指摘されており，特に個人の慢性的な不安傾向を表す「特性不安」が注目されている[8]ことから，「STAI Y-2」調査により測定することとした。さらに，属性として植物との日常的なかかわりについてアンケート調査を行った。

(1) POMS 試験

　「POMS 試験（Profile of Mood States：以下「POMS」)」は，回答者の気分状態を「怒り－敵意(AH)」，「混乱－当惑(CB)」，「抑うつ－落込み(DD)」，「疲労－無気力(FI)」，「緊張－不安(TA)」，「活気－活力(VA)」，「友好(F)」という六つの気分尺度で得点化することができる検査である。すなわち，POMS 試験では被験者が壁面を眺めた後のその時の感情の状態を評価していることとなる。通常は 65 項目の設問からなるが，今回の計測では被験者の負担を軽減するため，35 項目の設問からなる「POMS2 短縮版」[9]を使用した。

(2) SD 法

　「SD 法(Semantic Differential Technique：以下「SD」)」は，Osgood により提唱された方法[10] で，相反する形容詞対を 5 〜 7 段階で対象の印象を評価する方法である。今回の調査では，先行研究[11),12),13)] 等を参考に緑化による癒やしやリラックス等の印象評価に関連すると考えられる形容詞対として「好き－嫌い」，「興味深い－退屈である」，「楽しい－つまらない」，「くつろげる－落ち着かない」，「安定な－不安定な」，「暖かい－冷たい」，「親しみがある－よそよそしい」の 7 項目を設定した。SD の質問項目は，1

～ 5 までの 5 段階で評価し，評価素点が小さいほど好印象の評価となる。

(3)「STAI Y-2」調査

「STAI（State-Trait Anxiety Inventory ）Y-2」調査は，被験者の「特性不安」を評価するために行うもので，不安が高いほどストレスをためやすい傾向にあると考えられている[14]。「特性不安」の概念は，Cattell（1966）[15] により紹介され，Spielberger（1983）[16] により体系づけられた。「広い範囲の刺激場面を危険なあるいは有害なものと知覚する素質の個人差であって，換言するならばさまざまな場面で不安になりやすい比較的安定した個人の特徴[14]」と定義される。「特性不安」は，その時々の状態には左右されない，ストレスの高低の状態を示す個人の属性と言える。「STAI Y-2調査」では，特性不安尺度として不安感情の頻度を「ほとんどない」，「ときどきある」，「たびたびある」，「ほとんどいつも」の 4 段階で評価し，得られた素点から P 尺度（不安存在尺度）と A 尺度（不安不在尺度）の得点を 10 項目の重みづけられた得点により「標準得点」を算出した。標準得点は，5 段階に区分される[14]。今回の分析では，標準得点 55 点以上の段階 4，5 を特性不安が「高い」，標準得点 55 点未満の段階 1 ～ 3 を特性不安が「低い」の 2 グループに区分した。

(4)植物との関わりに関するアンケート調査

二つの壁面でPOMS と SD の調査を終了した後に，被験者に植物への関心や日常の植物との関わり等についてアンケート調査を行い，日常生活で植物と触れ合う機会が「ある」と回答した被験者には，具体的な関わりについて筆者らがその場で聞き取り調査を行った。

2.3　アンケート調査の実施手順

緑化壁とコンクリート壁の前では，POMS 試験と SD 法，アンケート調査を以下の順序で，座位の状態での調査〈測定 1〉と歩行の状態での調査〈測定 2〉を同一日の 13 時から 15 時の間で，〈測定 1〉 → 〈測定 2〉の順に実施した。調査の実施手順を，**図 3.3.2** のフローチャートに示す。緑化壁とコンクリート壁の調査順序による影響を除くため，被験者学生のうち半数の学生については，対象とする壁面の調査の順序を入れ替えて実施した。

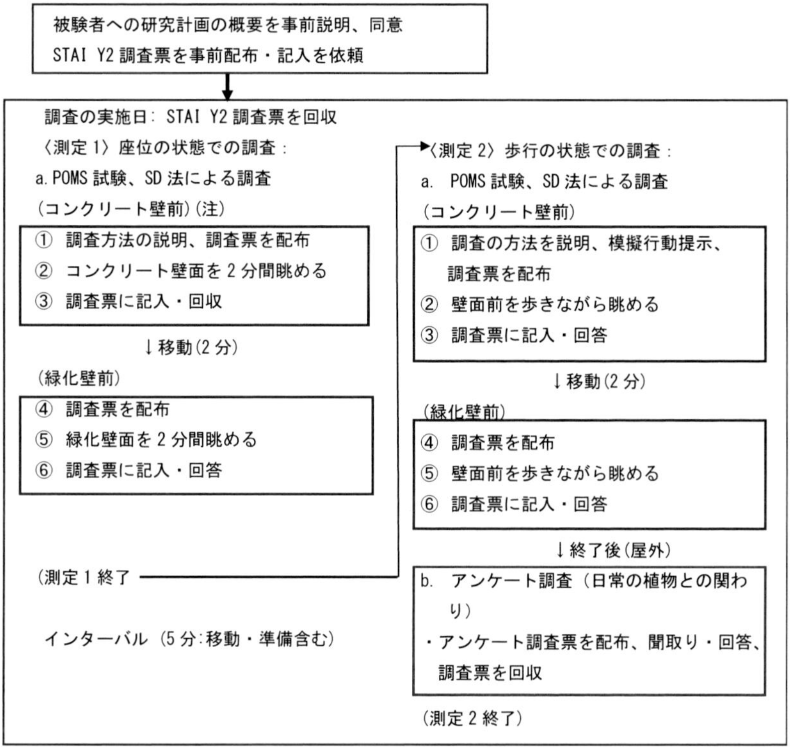

```
┌─────────────────────────────────────────────────────────┐
│ 被験者への研究計画の概要を事前説明、同意                          │
│ STAI Y2 調査票を事前配布・記入を依頼                            │
└─────────────────────────────────────────────────────────┘
┌─────────────────────────────────────────────────────────────────────────────────┐
│ 調査の実施日：STAI Y2 調査票を回収                                                        │
│ 〈測定 1〉座位の状態での調査：          ┌─► 〈測定 2〉歩行の状態での調査：                        │
│ a. POMS 試験、SD 法による調査          │   a.  POMS 試験、SD 法による調査                        │
│ （コンクリート壁前）(注)               │      （コンクリート壁前）                                │
│ ┌───────────────────────────┐        │   ┌───────────────────────────────────┐            │
│ │ ① 調査方法の説明、調査票を配布      │       │   │ ① 調査の方法を説明、模擬行動提示、         │            │
│ │ ② コンクリート壁面を 2 分間眺める   │       │   │    調査票を配布                      │            │
│ │ ③ 調査票に記入・回収             │        │   │ ② 壁面前を歩きながら眺める             │            │
│ └───────────────────────────┘        │   │ ③ 調査票に記入・回答                  │            │
│                                     │   └───────────────────────────────────┘            │
│      ↓移動（2 分）                   │                                                     │
│ （緑化壁前）                          │         ↓移動（2 分）                                │
│ ┌───────────────────────────┐        │   （緑化壁前）                                      │
│ │ ④ 調査票を配布                │       │   ┌───────────────────────────────────┐            │
│ │ ⑤ 緑化壁面を 2 分間眺める        │       │   │ ④ 調査票を配布                      │            │
│ │ ⑥ 調査票に記入・回答             │       │   │ ⑤ 壁面前を歩きながら眺める             │            │
│ └───────────────────────────┘        │   │ ⑥ 調査票に記入・回答                  │            │
│                                     │   └───────────────────────────────────┘            │
│                                     │         ↓終了後（屋外）                              │
│ （測定 1 終了 ───────                │   ┌───────────────────────────────────┐            │
│                                     │   │ b.  アンケート調査（日常の植物との関わ      │            │
│ インターバル （5 分：移動・準備含む）      │   │     り）                             │            │
│                                     │   │ ・アンケート調査票を配布、聞取り・回答、    │            │
│                                     │   │    調査票を回収                      │            │
│                                     │   └───────────────────────────────────┘            │
│                                     │   （測定 2 終了）                                    │
└─────────────────────────────────────────────────────────────────────────────────┘
```

（注）緑化壁面を先行した場合も、同じ手順とインターバルで POMS 試験、アンケート調査を実施した。

図 3.3.2　調査の実施手順

(1)測定 1：座位の状態での調査

　POMS 試験と SD 法の実施方法を被験者に説明した後に，POMS 試験と SD 法の調査票を被験者に配布し，コンクリート壁と緑化壁のそれぞれの前で，椅子に座った座位の状態で壁面全体を 2 分間眺めてもらった(**写真 3.3.1**)後に，その場で POMS 試験の調査票に壁面を眺めた後のその時の感情を記入してもらった。対象壁面と被験者との距離は，両方とも約 3m であった(**図 3.3.1**)。対象壁面を眺める時間を 2 分間と設定したのは，調査時期が夏期であったこと，POMS 試験をそれぞれの壁面の前で同時に座位と歩行の状態で 4 回行うことから，予備実験を行った上で被験者への

コンクリート壁　　　　　　　　　　　　　　　　緑化壁

写真 3.3.1　座位で壁面を視認している状況

コンクリート壁　　　　　　　　　　　　　　　　緑化壁

写真 3.3.2　歩行しながら壁面を視認している状況

負担を考慮して設定した。コンクリート壁（又は緑化壁）でのPOMS試験と
SD法の調査票に記入後に，被験者にはもう一方の緑化壁（又はコンクリー
ト壁）前に移動してもらい，被験者が椅子に座った後にPOMSとSDの調
査票を配布し，同じく2分間壁面を眺めてもらった後でその場で調査票に
回答してもらった。

(2)測定2：歩行の状態での調査

　筆者らが，調査の開始前に，対象となる壁面（コンクリート壁又は緑化壁）
を「壁面を眺めながら，日常歩くスピードよりもゆっくり歩いてください」
と指示を行い，その場で模擬行動を実施して被験者に実施方法を提示した
（**写真 3.3.2**）。

　コンクリート壁前では，壁面からの距離を考慮し，座位に使用した椅子
側を歩行するよう被験者に依頼した。次に，POMS試験とSD法の調査票

を被験者に配布し，コンクリート壁と緑化壁のそれぞれの前で歩きながら壁面全体を眺めてもらった後に，その場で壁面を眺めた後のその時の感情を調査票に記入してもらった。コンクリート壁（又は緑化壁）での POMS 試験と SD 法の調査票に記入後に，被験者にはもう一方の緑化壁（又はコンクリート壁）前に移動してもらい，POMS 試験と SD 法の調査票を配布した後に同じく壁面を眺めながら歩いてもらい，その場で調査票に回答してもらった。

　なお，各アンケートから得られた統計データについて，分散分析を行ったがこの際にフリーの統計解析ソフト「js-STAR[17]」を使用した。

3. 結果と考察

3.1　POMS 試験の結果

(1) 対象物と行動パターンの違い

　コンクリート壁と緑化壁を座位と歩行の状態で眺めた後の各被験者の POMS 試験の結果から T 得点を算出した。T 得点は，同じ値が同等の意味を持つように評価の測定基準を正規化したもの[9] である。**図 3.3.3** は，POMS 試験の 7 つの項目別に，コンクリート壁と緑化壁の対象物に対して座位の状態で得られた T 得点の平均値と標準偏差を対比して示したものである。また，**図 3.3.4** は，同じく POMS 試験の項目別に，コンクリート壁と緑化壁に対して歩行の状態で得られた T 得点の平均値と標準偏差を対比して示したものである。座位と歩行のいずれの場合も，「怒り - 敵意」，「混乱 - 当惑」，「抑うつ - 落込み」，「疲労 - 無気力」，「緊張 - 不安」の項目では，コンクリート壁よりも緑化壁の方が低く，これに対して「活気 - 活力」，「友好」の項目ではコンクリート壁よりも緑化壁の方が T 得点の数値が高くなっていた。

　そこで，POMS 試験の結果から得られた T 得点を基に，対象物（緑化壁とコンクリート壁）と行動パターン（座位と歩行）との関係について，2 要因分散分析（被験者内）を行った結果を**表 3.3.2** に示す。これより，対象物として緑化壁とコンクリート壁では，「怒り - 敵意」の項目について 5%

水準の有意な主効果が見られ，「混乱 – 当惑」，「抑うつ – 落込み」，「疲労
– 無気力」，「緊張 – 不安」の尺度では1％水準の有意な主効果が見られた。
これらの感情は，ネガティブ[9] な感情を示すものである。
　一方，「活気 – 活力」，「友好」の項目については，緑化壁を眺めた場合
の方がコンクリート壁の場合よりも T 得点が高く，いずれの項目も1％水

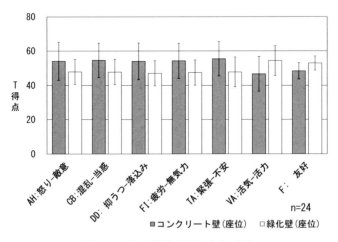

図 3.3.3　POMS 試験の結果（座位の場合）

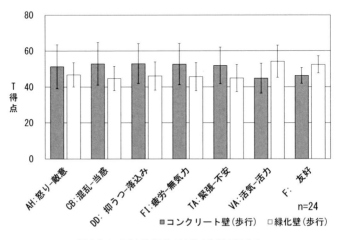

図 3.3.4　POMS 試験の結果（歩行の場合）

表 3.3.2　行動パターンの違いと対象壁への感情（POMS 試験）

区分	項目	コンクリート壁 n=24		緑化壁 n=24		分散分析結果 （F 値）		
		座位	歩行	座位	歩行	対象物	行動パターン	交互作用
AH	怒り－敵意	54.05 (11.01)	51.30 (12.16)	47.86 (7.22)	46.79 (6.76)	5.54 *	5.53 *	0.84
CB	混乱－当惑	54.59 (9.93)	52.87 (11.80)	47.80 (7.37)	44.74 (6.78)	15.49 **	6.73 *	0.33
DD	抑うつ－落込み	53.95 (10.68)	52.96 (11.06)	46.99 (7.31)	46.10 (7.85)	20.21 **	0.79	0.00
FI	疲労－無気力	54.23 (10.21)	52.70 (11.43)	47.40 (7.31)	45.67 (7.81)	13.02 **	1.85	0.01
TA	緊張－不安	55.41 (9.96)	51.94 (10.20)	47.76 (8.68)	44.90 (7.58)	13.46 **	12.98 **	0.6
VA	活気－活力	46.65 (10.10)	44.84 (8.30)	54.30 (8.67)	52.43 (13.31)	12.40 **	2.07	0.00
F	友好	48.31 (10.03)	46.35 (9.34)	52.85 (8.79)	52.50 (10.22)	9.30 **	3.18 ＋	1.53

（注）1. ** p <.01　* p <.05　+ p <.10
2. 上段の数値は T 得点の平均，下段（ ）内は，標準偏差。

準の有意な差が認められた。これら二つの項目はポジティブ[9]な感情状態を示すものである。次に，行動パターンとして座位と歩行の状態では，「緊張－不安」で1%の水準の有意な主効果が見られた。また，「怒り－敵意」，「混乱－当惑」については，5%水準の有意な主効果が見られた。「友好」については10%水準で主効果が有意な傾向にあり，座位の方が高くなる傾向が認められた。

　以上のことから，緑化壁ではコンクリート壁に比べて，怒り，混乱，抑うつ等のネガティブな感情が低減し，活気，友好等のポジティブな感情が高まる傾向がみられた。また，怒り，混乱，緊張などのネガティブな感情は，歩行の方が座位よりも低減する傾向が認められ，友好等のポジティブな感情は，座位の方が高まる傾向が見られた。このことは歩行空間などに隣接して緑化壁を配することにより，歩行者のネガティブな感情を緩和するとともに，広場や公園等で座った状態で緑化壁を眺める環境下では，友

好等のコミュニケーションを高める効果が期待できることを示唆している。

(2)特性不安と植物との関わりの違い

　今回の調査では，POMS 試験の後に被験者に対して植物への関心やかかわりについて，アンケート調査を実施した。「緊張－不安」などのネガティブな感情に低減傾向が認められた「歩行しながら緑化壁を視認した場合」を取り上げ，特性不安の高低と植物との日常の関わりの有無により，POMS の T 得点に差があるかについて検討を行った。具体的には，「特性不安が高く，植物との関わりがある群」はサンプル数(n)が 1 と少なかったため分析の対象から除外し，「特性不安が高く植物との関わりがない群(a)」と「特性不安が低く，植物との関わりがある群(b)」，「特性不安が低く，植物との関わりがない群(c)」の 3 群で 1 要因分散分析(被験者間)を行った。分析の結果は**表 3.3.3** に示すとおりで，「抑うつ－落込み」，「活気－活力」，「友好」の尺度では，いずれも主効果に 10% 水準の有意傾向

表 3.3.3　特性不安と植物との関わり（POMS 試験）

区分	項目	特性不安 (高) a. 植物との 関わり(ない) n=6	特性不安 (低) b. 植物との 関わり(ある) n=7	特性不安 (低) c. 植物との 関わり(ない) n=10	分散分析結果 (F 値) 主効果	多重比較 結果
AH	怒り－敵意	49.82 (5.77)	43.75 (2.26)	48.32 (9.16)	1.27	-
CB	混乱－当惑	48.85 (8.57)	45.04 (4.12)	45.47 (6.45)	0.58	-
DD	抑うつ－ 落込み	53.35 (10.35)	42.13 (3.47)	46.79 (6.89)	2.81 +	ns
FI	疲労－ 無気力	49.48 (7.58)	43.35 (6.94)	47.03 (7.77)	0.97	-
TA	緊張－不安	47.59 (8.63)	46.52 (4.59)	45.85 (7.80)	0.09	-
VA	活気－活力	46.40 (4.60)	58.70 (12.49)	53.66 (5.94)	3.12 +	ns
F	友好	51.73 (6.67)	60.78 (11.03)	48.85 (8.19)	3.38 +	b > c * MSe=89.49

(注) 1. ** p <.01　* p <.05　+ p <.10
2. 上段の数値は T 得点の平均，下段（ ）内は，標準偏差。

が見られた。

そこで，HSD法による多重比較を行った結果，「友好」では「特性不安が低く，植物との関わりがある群(b)」の方が「特性不安が低く，植物との関わりがない群(c)」よりもT得点が有意に高く，「友好」の感情が高まる傾向が見られた（MSe = 89.49, p<.05）。なお，「抑うつ－落込み」,「活気－活力」においては多重比較の結果，有意な差は認められなかった。

以上により，特性不安が低く植物との日常的なかかわりを持つ人は，歩行しながら緑化壁を眺めることで「友好」の感情が高まる傾向が認められた。既往研究において植物との関わりがコミュニケーションツールとして有用であることが報告されているが[6]，本調査でも日常的な植物との関わりが「友好」というコミュニケーションに繋がっていることが示唆された。

3.2　SD法の調査結果
(1)対象物と行動パターンの違い

　図3.3.5にコンクリート壁と緑化壁を座位の状態で眺めた場合，図3.3.6は歩行しながら二つの壁面を眺めた場合のSD法の調査結果について，被験者から得られた素点の平均値を項目区分ごとに対比して示したものである。横軸には，「1.非常に」,「2.少し」,「3.どちらでもない」,「4.少し」,「5.非常に」と，各形容詞対を5等分して印象を評価しており，1に近い方が好印象(ポジティブ)，5に近づくほど反対の印象(ネガティブ)が強くなることとなる。

　図3.3.5より，緑化壁に対する印象では各項目とも得点は1.8〜2.4の間に分布しているのに対して，コンクリート壁では3.0〜3.8の間に分布しており，両者への印象が明確に分離していることがわかる。緑化壁の方では，「好き」,「くつろげる」の項目がより低い数値を示し，好印象にあることが読み取れる。これに対して，コンクリート壁の方は，「つまらない」,「冷たい」の項目で数値が高くなり，ネガティブの印象が相対的に強くなっていた。左側の項目は，好印象でリラックスでき，癒される印象を表す形容詞であり，右側はこれらの好印象とは反対のネガティブな印象を示す形容詞を布置している。したがって，コンクリートを座った状態で眺めた場

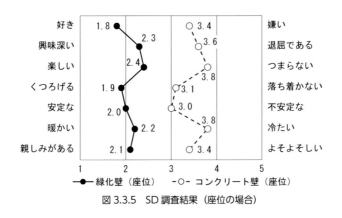

図 3.3.5　SD 調査結果（座位の場合）

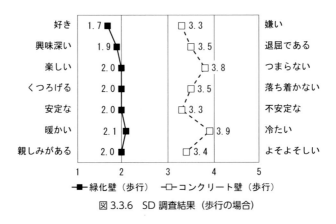

図 3.3.6　SD 調査結果（歩行の場合）

合よりも，緑化壁を座った状態で眺めた場合の方が，くつろぎや親しみ，安定した落ち着いた印象を示した。

　次に，**図 3.3.6** にコンクリート壁と緑化壁を眺めながら歩いてもらった後の被験者の印象について**図 3.3.5** と同様に各項目毎の平均値を対比して示したものである。この結果，緑化壁に対する印象では，各項目とも得点は 1.7 ～ 2.1 の間に分布し，座位の状態と比較すると「興味深い」と「楽しい」の印象が強くなり，各項目の数値がほぼ縦方向に平準化していることがわかる。これに対して，コンクリート壁の方は 3.3 ～ 3.9 の間に分布しており，緑化壁に比して数値間の差が大きく変化し，「落ち着かない」，「不

表 3.3.4　行動パターンの違いと対象壁への印象 (SD 調査)

区分	項目	コンクリート壁 n=24		緑化壁 n=24		分散分析結果 (F 値)		
		座位	歩行	座位	歩行	対象物	行動パターン	交互作用
a1	好き – 嫌い	3.38 (0.81)	3.25 (0.97)	1.96 (0.89)	1.79 (0.76)	29.89 **	2.24	0.04
a2	興味深い – 退屈である	3.67 (0.94)	3.58 (1.04)	2.46 (0.87)	2.00 (0.91)	24.73 **	4.77 *	2.62
a3	楽しい – つまらない	3.92 (0.91)	3.92 (0.91)	2.58 (0.76)	2.21 (1.00)	28.54 **	2.06	3.59 +
a4	くつろげる – 落ち着かない	3.08 (1.00)	3.50 (1.22)	2.04 (1.01)	2.04 (0.93)	19.17 **	1.17	1.55
a5	安定な – 不安定な	3.00 (0.96)	3.38 (1.15)	2.25 (0.88)	2.00 (0.76)	14.27 **	0.20	4.35 *
a6	暖かい – 冷たい	3.83 (1.25)	4.04 (0.84)	2.50 (0.82)	2.29 (1.17)	25.01 **	0.00	2.53
a7	親しみがある – よそよそしい	3.38 (1.07)	3.33 (1.03)	2.42 (1.04)	2.00 (1.00)	12.23 **	2.52	3.29 +

(注) 1. ** p <.01　 * p <.05　 + p <.10
2. 上段の数値は評価点の平均, 下段 ( ) 内は標準偏差。

安定な」の印象が, 座位の状態よりも強くなっていた。

　次に, SD 法における各質問項目と対象物, 行動パターンとの要因別の結果について, 2 要因分散分析(参加者内)を行った。分析結果は**表 3.3.4**に示すとおりである。対象物について, 全ての項目で 1%水準の有意な主効果が見られ, 行動パターンについては, 「興味深い – 退屈である」の項目について 5%水準の有意な主効果が見られた。対象物と行動パターンの要因間の関係について, 「安定な – 不安定な」の項目では交互作用が 5%水準で有意であったため, 単純主効果の検定を行った。対象物に対する行動パターンの単純主効果では, 座位の場合で 5%水準の有意な差が見られ, 歩行の場合で 1%水準の有意な差が見られた。一方, 行動パターンに対する対象物の単純主効果では, コンクリート壁の場合に 5%水準の有意な差が見られた。

　10%水準で交互作用が有意傾向であった「楽しい – つまらない」と「親

しみがある‐よそよそしい」の2項目について,単純主効果の検定を行った。
「楽しい‐つまらない」について,対象物に対する行動パターンの単純主効
果では,座位と歩行のいずれの場合も,1%水準の有意な差が見られ,一方,
行動パターンに対する対象物の単純主効果では,緑化壁の場合に5%水準
の有意な効果が見られた。また「親しみがある‐よそよそしい」について,
対象物に対する行動パターンの単純主効果では,座位の場合では5%水準
の有意な差が見られ,歩行の場合では1%水準の有意な差が見られた。一方,
行動パターンに対する対象物の単純主効果では,緑化壁の場合に5%水準
で有意な効果が見られた。

　以上のことから,緑化壁の方がコンクリート壁と比較して心理的に安定
で親近感と楽しい印象が高まり,特に緑化壁では親近感や楽しさの印象は
歩行の場合の方が高まる傾向にあり,一方,コンクリート壁では座位より
も歩行の方が不安定な印象が高まる傾向が窺えた。したがって,歩行空間
に近接した場所に緑化壁を配置することで,視覚による心理効果[4]を高
め,安定した親近感のある快適な緑化空間の創出に寄与できる可能性が示
唆された。

(2)特性不安と植物との関わりの違い

　特性不安の高低により,SD法による印象評価の各項目別の平均値につ
いて差があるかについて,POMS試験と同様に緑化壁を対象に歩行の場合
を取り上げ,3群で1要因分散分析(被験者間)を行った。分析の結果は**表
3.3.5**に示すとおりであり,「安定な‐不安定な」の項目において,1%水
準の有意な主効果が見られた。そこで,HSD法による多重比較を行った結
果,「特性不安が高く,植物との関わりがない群(a)」の方が「特性不安が
低く,植物との関わりがある群(b)」よりもSD法による評価点の平均が
有意に低い傾向を示した。「くつろげる‐落ち着かない」の項目で10%水
準の主効果が見られたが,多重比較の結果,有意な差は認められなかった。

　以上のことから,緑化壁を歩行の状態で視認した場合において,日常的
に植物との触れ合いがなく,特性不安が高い人の方が,植物との触れ合い
があり,特性不安が低い人よりも心理的に安定の印象がより高まる傾向が
見られた。

表 3.3.5　特性不安の高・低と植物との関わり（SD 調査）

区分	項目	特性不安 （高）	特性不安 （低）		分散分析結果 （F 値）	
		a. 植物との 関わり(ない) n=6	b. 植物との 関わり(ある) n=7	c. 植物との 関わり(ない) n=10	主効果	多重比較 結果
a1	好き - 嫌い	1.50 (0.50)	2.39 (0.88)	1.70 (0.64)	2.06	-
a2	興味深い - 退屈である	1.50 (0.50)	2.43 (1.05)	2.00 (0.89)	1.62	-
a3	楽しい - つまらない	1.67 (0.47)	2.57 (1.29)	2.30 (0.90)	1.31	-
a4	くつろげる - 落ち着かない	1.50 (0.50)	2.71 (0.88)	1.90 (0.94)	3.24 +	ns
a5	安定な - 不安定な	1.33 (0.47)	2.57 (0.73)	1.90 (0.54)	6.30 **	a < b * MSe=0.40
a6	暖かい - 冷たい	1.83 (0.69)	2.57 (1.05)	2.50 (1.36)	0.75	-
a7	親しみがある - よそよそしい	1.83 (1.07)	2.43 (1.18)	1.90 (0.70)	0.70	-

（注）1. ** p <.01　　* p <.05　　+ p <.10
2. 上段の数値は評価点の平均，下段( )内は，標準偏差。

4. まとめ

　POMS 試験の結果から，コンクリート壁よりも緑化壁を眺めた場合の方が怒り，抑うつ等のネガティブな感情が軽減され，活気等のポジティブな感情が有意に高まることが確認できた。緊張，怒り，混乱等のネガティブな感情は，座位よりも歩行の場合の方が軽減される傾向が認められた。一方，友好等のポジティブな感情は，逆に座位の方が高まる傾向が見られた。なお，今回の調査において座位と歩行による順位効果の検証は行えておらず，今後の課題である。

　緑化壁を歩行の状態で視認した場合において，特性不安の高低による差は確認できなかったが，特性不安が低い場合では日常的な植物との関わりがある方が「友好」の感情が高まる傾向がみられた。SD 法の調査結果から，緑化壁を眺めた方が，「親しみ」などの印象が高まる傾向が見られ，歩行

の場合の方が，「安定」の印象がより高くなる傾向が見られた。今後，広
場などで緑化壁を座位の状態で視認することでコミュニケーションの円滑
化に寄与する一方，市街地の歩行空間に近接して緑化壁を増やすことで，
歩行者のポジティブな感情や親近感を高める等の緑化による心理的効果の
向上に寄与できる可能性が期待できると考えられる。

引用文献

1) 梅干野晃・浅輪貴史・村上暁信・佐藤理人・中大窪千晶(2017)実在市街地
   の 3D-CAD モデリングと夏季における街区のヒートアイランドポテンシャ
   ル 数値シミュレーションによる土地利用と土地被覆に着目した実在市街地
   の熱環境解析その 1，日本建築学会環境系論文集 72(612)，97-104

2) 堀口剛・梅千野晃(1996)芝生植栽の水収支特性に関する実験研究 屋上芝生
   植栽の熱環境調整効果第 2 報，日本建築学会計画系論文集 483，73-79

3) 鈴木弘孝・吉川淳一郎(2008)建築敷地緑化の違いが実在地区内の顕熱負荷
   に与える影響に関するシミュレーション解析，日本緑化工学会誌 34(1)，
   97-102

4) 都市緑化技術開発機構特殊緑化共同研究会(2001)『新・緑空間デザイン技術
   マニュアル(特殊空間緑化シリーズ②)』，㈶都市緑化技術開発機構編，誠文
   堂新光社，237pp.

5) 武藤浩(2002)建築物の壁面緑化に関する研究一般人の心理評価構造に基づく計
   画上の課題の抽出，日本行動計量学会発表論文抄録集 29，92-95

6) 澤田正樹・仙田満・川上正倫(2000)建築における壁面緑化の視覚的効果に
   関する研究，日本建築学会大会学術梗概，857-858

7) 中橋洋平・岩崎寛(2008)立面緑化の見え方の違いが人の心理に与える影響
   について歩行時の見え方による印象評価実験，日本緑化工学会誌 34(1)，
   311-314

8) 岩崎寛・曹丹青・長谷川啓示・高橋輝昌(2017)特性不安に着目したウレタ
   ン製土壌改良材混入芝利用時の心理的効果に関する研究，日本緑化工学会
   誌 43(1)，263-266

9) Juvia P. Heuchert・Douglas M. Mcnair, 横山和仁監訳(2017)『POMS 2 日本
   語版マニュアル』，金子書房，156pp.

10) Osgood, Charles, E. (1952) The nature and measurement of meaning,
    Psychological Bulletin 49(3)，197-237

11) 林透子・岩崎寛・三島孔明・藤井英二郎(2008)森林内の園路における光環境の違いが人の生理及び心理に与える影響，日本緑化工学会誌34(1)，307-310

12) 金侑映・岩崎寛・那須守・高岡由紀子・林豊・石田都(2011)商業施設の屋上緑化空間における夜間利用が人の心理・生理に与える効果，日本緑化工学会誌37(1)，67-72

13) 増田悠希・岩崎寛(2011)緑地におけるウォーキングの心理的効果に関する基礎的研究，日本緑化工学会誌37(1)，249-252

14) 肥田野直・福原眞知子・岩崎三良・曽我祥子・Charies D. Spielberger(2017)『新版STAIマニュアル』，実務教育出版，35pp.

15) Cattell,R.B.（1966）Patterns of change:Measurement in relation to state dimension，trait change，lability，and process concepts. In R.B.Cattell（Ed.）.Handbook of multivariate experimental psychology. Chicago:Randy McNally & Co.

16) Spielberger, C. D.（1983）Manual for the State-Trait Anxiety Inventory, Stay-from Y. Palto Alto, CA: Consulting Psychologists Press

17) 中野博幸・田中敏(2018)『フリーソフトjs-STARでかんたん統計データ分析』，技術評論社，207pp.

第 IV 部　緩衝緑地と都市環境の保全

第1章　緩衝緑地の整備がわが国の環境行政に果たした役割

1．研究の背景と目的

　わが国が高度経済成長を遂げた 1960 年代から 70 年代にかけて，環境への「負の遺産」ともいえる公害問題が顕在化した。熊本県の水俣病，新潟県の新潟水俣病，三重県の四日市ぜんそく，富山県のイタイイタイ病の 4 大公害を始めとして，全国津々浦々に公害[補注1)]が顕在化していった。これらの公害は，「工場及び事業場が集中し，かつ，これらの事業活動に伴う大気の汚染，水質の汚濁等による公害」であり，公害防止事業団法第 18 条第 1 項第 1 号では「産業公害」と定義している[1)]。産業公害は，環境に対する汚染負担の対策費（環境コスト）を汚染原因者である企業が外部化し，外部不経済として顕在化させたものである。環境政策としては，今日では当然のこととなっている「予防原則[補注2)]」や「汚染者負担の原則[補注3)]」も適用されずに，産業公害の原因について科学的根拠に基づく因果関係の立証は被害者側に求められたことにより，原因の特定に不測の時間を要し，さらに公害被害を拡大させていった。

　産業公害の全国への波及が環境問題として社会問題化の様相を見せ始めるに至り，発生源規制という個別の応急的，対症療法的な対策では公害防止上有効な効果を発揮することが困難な事態に直面し，1965（昭和 40）年に国会では衆参両議院に「産業公害対策特別委員会」が設置され，厚生省において「公害審議会」を設置し，公害に関する基本法的な施策のあり方について検討が開始された[2)]。1966（昭和 41）年 10 月には同審議会から答申が出された。同答申を踏まえ，「公害」の定義，総合的，計画的な公害対策の推進を図るために「公害防止計画」の作成，国，地方公共団体，事業者の責務，環境基準の策定等を盛り込んだ基本法として「公害対策基本法[3)]」が 1967（昭和 42）年 7 月に制定され，同年の 8 月に交付，施行された。

　産業公害による生活環境の悪化と国民の健康被害が深刻な社会問題と

なったため，産業公害の防止を効果的に推進する事業を行うことを目的に，公害防止対策の技術者と資金を集中化し，迅速な対策を効果的に実施する専門機関として，1965(昭和40)年に「公害防止事業団^{補注4)}」が設立された。産業公害を防止し，生活環境を保全改善するため，同事業団がコンビナート等の工業地帯と住宅地側との土地利用を明確に分離し，工場側からの公害緩和を図るとともに，住民と工場側の勤務者が共同で利用できる福利施設としての役割を有する緩衝緑地を整備する「共同福利施設建設譲渡事業」が，同事業団の事業として位置づけられた[4]。公害対策基本法第12条では，「公害防止に関する施設の整備等の推進」として「政府は，緩衝地帯の設置等公害の防止のために必要な事業及び下水道その他公害の防止に資する公共施設の整備の事業を推進する措置を講じなければならない。」と既定されており，当該事業は，公害防止計画に基づいて実施される公害防止のための「公共施設の整備」に位置けられるものである。

　本章では，戦後の高度経済成長の過程で産業公害が深刻化し，公害防止事業として緩衝緑地の整備を行った「共同福利施設建設譲渡事業」について，制度創設の社会的背景と制度の特色，事業実績について整理し，公害を防止し，良好な生活環境の保全・改善，公的な緑地という社会資本整備のストック形成等わが国の環境行政に果たした役割と意義について検証する。

2. 公害防止事業団法の制定の経過

　1950年代後半以降，わが国の産業活動の急速な発展に伴い，臨海工業地帯等の産業活動が集中的に行われる地域において，工場から排出される煤煙等による大気汚染や排出水による水質汚濁等による生活環境の悪化やぜんそく等健康被害の発生がみられる等，産業公害は重大な社会問題として顕在化していた。1958(昭和33)年には本州製紙江戸川工場からの工場排水による漁業被害に対して漁民側と工場側との乱闘事件が起こり，これを契機として同年，「公共用水域の水質の保全に関する法律」と「工場排水等の規制に関する法律」が制定されている[2]。このような事態に対処す

るため，国においては1962(昭和37)年6月に大気汚染に対処する「ばい煙の排出の規制等に関する法律」が制定された。「工場排水等の規制に関する法律」の制定等により，工場・事業場に対する規制を実施するとともに，企業が行う公害防止施設等の設置に対する助成策として，日本開発銀行(現日本政策投資銀行),中小企業金融公庫等による長期低利融資のほか，税制上の優遇措置等が講じられた[2]。

　しかしながら，京阪神の工業地域を始め産業活動が集中して行われる地域では工場の集中的な立地，工場と住宅の無秩序な混在等により，大気汚染と水質汚濁による環境汚染が一層深刻化していく傾向が見られ，より強力な産業公害対策が望まれるようになった。すなわち，産業集中地域における公害を早急に解消するためには従来の助成措置の強化に加えて，さらに積極的に効果的対策を実施する必要性が産業の維持発展を求める事業者側からも，生活環境の維持・改善を訴える地域住民側からも高まっていった[4]。このような状況に対処し，産業集中地域における産業公害を防止するため，共同公害防止施設，共同利用建物の設置・譲渡，工場移転のための敷地造成，公害防止のための緩衝施設の設置・譲渡，公害防止施設に対する融資等の事業を国の立場で行う専門機関として1965(昭和40)年5月の第48回国会において「公害防止事業団法」が成立し，同法に基づき公害防止事業団（以下「事業団」という。）が同年10月に設立された[4]。事業団は，公害規制の実効性を担保するため，「公害防止事業団法」に基づき長期かつ低利の財政投融資資金を活用して，事業団自ら公害防止施設を建設，譲渡するとともに，公害防止施設等を設置する企業に対する融資等を行い，生活環境の維持改善及び産業の健全な発展を図ることを目的とした。

　事業団の業務は，設立当初においては「工場及び事業場が集中し」，かつ「これらにおける事業活動に伴う大気の汚染，水質の汚濁等による公害が著しく又は著しくなるおそれがある」地域における「これらの公害の防止に必要な」ものに限定されたのであった。「これらの公害」とは，「産業公害」を指している。事業団の業務の対象を「産業公害」の防止に限定した理由としては，産業公害の及ぼす公害の程度・範囲から一刻の猶予も許

されない緊急性を当時は有しており，その対策が急がれたこと等による[5]。

　わが国の産業活動の急速な発展の過程で，工場と住宅の無秩序な乱立，近年の技術革新による大規模工場の集中立地化等に伴い，産業公害が顕在化し，生活環境の悪化が社会問題化する中で，「産業集中地域」における公害を防止するための効果的対策として工場地と住宅の土地利用を分離する緩衝帯となる「緑地」を整備し，譲渡する共同福利施設建設譲渡事業が事業団の設立により制度化された。

　1964（昭和39）年当時，厚生省では国民の健康を守る立場から，公害被害の増大を憂慮し，年金積立金を原資として公害防止のための投資を助成するため，事業団構想を検討しており，事業団が行う主要事業の一つとして，千葉県の市原地区を具体の候補に「共同保健福祉施設」の名称で，緩衝地帯としての施設を構想していた[6]。このことは，その後共同福利施設が制度化され，事業団が発足後もその「業務方法書[6]」において「共同福利施設」の定義を「共同福利施設とは，公園緑地，運動場，その他の施設であって，当該地域の工場又は事業場の従業員及び住民の福利に資するもの」とされていることからも窺える[4]。

　共同福利施設が，緩衝緑地の形態を伴う上で制度的な裏付けとなったのが，1968（昭和43）年度以降から事業費に都市公園の国庫補助金を導入するようになった点が大きいと言えよう。制度化に当たって，市原，四日市，和歌山，赤穂，姫路，倉敷，徳山，大分の8つの市で構成された「緩衝緑地対策協議会」が，公害防止を切実な行政課題として取り組んでいた地方の立場から，厚生省，建設省他各方面に働きかけを行った[6]ことも制度の創設に大きな役割を果たしたとものと考えられる。

　補助金の交付に当たって，建設省（現 国土交通省）は実施要領[7]において以下の採択基準を定めている。
　1）都市計画事業として施行する緑地であること
　2）遮断効果を上げるために必要な配置と規模（原則として20ヘクタール以上）があること
　3）地方公共団体に譲渡するものであること

4）事業費の4分の1以上を企業が負担するものであること

　補助率については，「公害対策基本法」に規定する「公害防止計画策定地域」については，1971（昭和46）年5月に制定された「公害の防止に関する事業に係る国の財政上の特別措置に関する法律[8]」により，2分の1まで嵩上げされるため，用地及び補償費が通常の補助率3分の1から2分の1まで嵩上げとなり，財政上の優遇措置が図られることとなった。また，1968（昭和43）年6月には新都市計画法が制定され，それ以前の旧都市計画法では，事業団は民間の都市計画特許事業として許可されていたが，新法では国の機関として都市計画の施行者の法的な位置づけがなされたのであった。このように，国庫補助金の財政上の優遇と都市計画上の主体としての位置づけは，その後の共同福利施設建設譲渡事業を事業団が緩衝緑地帯として強力に推進していく上において，国の制度的な裏付けを与えることとなった。

　1971年7月には環境行政を総合的に推進するため，新たに「環境庁」が設置され，これに伴う公害防止事業団法の改正が行われ，事業団を監督する主務大臣が厚生大臣及び通商産業大臣から環境庁長官に改められた。さらに，1976（昭和51）年12月の特別交付税に係る自治省令の改正により，施設譲渡後の地方から事業団への割賦償還分について2分の1を上限に特別交付税が措置される[9]こととなり，地方財政負担の軽減が図られることとなった。

　一方，共同複利施設と工場立地法上の緑化義務とが制度的には併存していたため，企業が緩衝緑地帯として共同福利施設建設譲渡事業に企業負担を行うこととは別に，各企業敷地においても一定割合（25％以上）の緑化が工場立地法で義務づけられており，共同福利施設において費用負担を求められる企業にとっては，緑化の措置について二重の負担を課せられる形となることから，制度上の矛盾を内包したまま両制度が併存した。このことは事業推進上の大きな制約要因になったと考えられる。

3. 共同福利施設建設譲渡事業制度

共同福利施設建設譲渡事業は、「公害防止事業団法」第18条第1項第4号に基づき、「産業公害が著しく、又は著しくなるおそれがある地域のうち産業公害が発生するおそれが特に著しい地域において、その発生を防止するために、工場・事業場の共同の利用に供する施設であって当該地域の工場又は事業場の従業員及び住民の福利の向上に資する施設（「共同福利施設」という。）」を設置し、施設完成後に地方公共団体に譲渡する事業である。

事業団の緑地整備事業は、「建設譲渡方式」により財政的支援措置と技術支援措置を一体的に行うことにより、緊急性の高い緑地を早期に整備するものであり、組織としての技術・人材の活用と国の財政的支援を一体的に講ずることにより、環境の保全と改善の対策を適切に行うことが可能となる事業団独自の事業方式として成立し、事業団による緑地整備事業の推進を図る上で重要な役割を担った。

3.1 事業の内容

当該事業の対象施設は、「工場又は事業場の共同の利用に供する施設であって、当該地域の工場又は事業場の従業員及び住民の福利に資するもの」に限定されている。このような限定が行われたのは、事業団の目的が生活環境の維持改善と産業の健全な発展を図ることであり、企業の側と地域住民の側が共同で利用できる福利施設を緩衝地帯に設置することが事業団の設立趣旨からみて最も適当と考えられたからである[4]。また、「産業公害が発生するおそれが特に著しい地域」とは、「工場又は事業場が集中している区域に隣接している等の理由で、産業公害の発生の危険度が特に高い地域[4]」を対象としている。

当該事業は、「汚染者負担の原則（P.P.P.：Polluter Pays Principle）[補注3]」により、事業費の一部を企業側に負担を求める仕組みを制度化しており、かつ用地費については補助率の嵩上げ措置が図られている。前者については、1970（昭和45）年に制定された「公害防止事業費事業者負担法[10]」第2

条の2に基づき，当該事業により整備される緑地，広場その他の空地については，事業費の一部（1/2〜1/4）に企業負担を求めている。また後者については，「公害の防止に関する事業に係る国の財政上の特別措置に関する法律」により，「公害防止計画」に基づいて実施する緑地整備のうち用地・補償費については補助率の嵩上げ措置により，通常の補助率1/3が1/2に嵩上げされた。

　当該事業の採択用件は，事業団の「業務方法書[6)]」において，以下のように規定されている。このうち，整備面積については，既に整備された面積又は今後予定される整備面積を含めることができることとされている。

（事業要件）

①工場又は事業場の配置の状況，当該地域の地理的，気象的条件等により産業公害が発生するおそれが特に著しい地域であり，かつ，都市計画法第4条第1項にいう都市計画において産業公害を防止する見地からの配慮がなされている地域に設置されるものであること。

②当該施設の位置及び構造並びに利用の状態が産業公害の発生を防止するために適切なものであること。

③整備面積は5ヘクタール以上であること。

　事業費負担の割合を模式的に表すと**図4.1.1**のとおりである。これより，嵩上げ後の補助率は，1/2であるが，企業負担が事業費の1/3となること

		企業負担	地方公共団体	国庫補助	
総事業費	用地・補償費(A)	1／3A	1／3A	1／3A	補助対象事業費
	施設整備費(B)	1／3B	1／3B	1／3B	
	その他(C)	1／3C	2／3C		補助対象外経費 (事務費の一部, 建設利息等)

総事業費＝用地・補償費＋施設整備費＋事務費＋建設中の財投借入利息＋消費税

図4.1.1　事業費負担の内訳

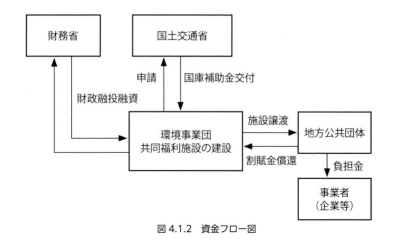

図 4.1.2　資金フロー図

から，国費は補助対象事業費に対して 1/3 の割合となる。

　事業に係る資金の流れを模式的に表したものが，**図 4.1.2** である。財政投融資等の事業団において措置した低利の有利子資金については，緑地の完成後に事業団から地方公共団体に譲渡された後に，据置き期間 2 年以内を含み，20 年以内に地方公共団体から事業団に対して割賦償還されるしくみとなっている。地方公共団体からの割賦償還金については，地方負担の 1/2 を上限に特別交付税が措置された。

3.2　事業の特色

　当該事業は，「産業公害が発生するおそれの特に著しい地域[1]」において工場等の集積地と住宅市街地との間に緩衝緑地を整備するものであり，「汚染者負担の原則(P.P.P.) [補注3]」の考え方により事業費の一部を企業等が負担する仕組み等を取り入れるとともに，事業団の保有する技術力の活用と財政支援措置を一体的に行う「建設譲渡方式」により，効率的に事業が遂行され，緑地の早期整備が図られている点が当該事業の特色となっている。

　当該事業は，環境対策上早期整備を必要とする緑地について，「建設譲渡方式」により，事業期間が平均して約 4 年という短期間で整備を行うこ

とにより[11]，早期の整備効果の発現を可能とした[12]。当該事業の対象とする緩衝緑地は，「公害対策基本法」第19条第2項に基づき都道府県知事が作成し，内閣総理大臣の承認を受けた「公害防止計画」に位置づけされた緑地である。同法第20条には国の責務として，「国は公害防止計画の達成に向けて，必要な措置を講ずるよう努めること」と規定されており，事業団の行う当該事業は，公害対策の専門機関として国の実施する事務を補完するものである。

　当該事業により住・工分離の土地利用を実現するとともに，緑地の有する多面的な機能の発現により，騒音・振動等の公害を防止するとともに，公的なオープンスペースとして工場等の従業員，地域住民等の共同の利用を通じて福利の向上に資するものであり，産業の健全な発展を図る上で生活環境の保全・改善措置を行うために，事業者側にも応分の負担を求めたものである。当該事業制度は，産業公害が社会問題化し，深刻化していく中にあって環境保全面からの取り組みとして国際的にみても先取的な取り組みであり，社会資本の中でも生活環境関連施設として，欧米の先進諸国と比較して大きく整備が立ち遅れていた公園緑地のストックを増大させるとともに，都市の計画的な土地利用を実現し，都市の形態を整序していく上からも非常に有効な手だてであったと言える。建設譲渡方式による事業の最大の利点は，環境政策上の目的に適った良質な緑地が極めて短期間で整備され，早期に緑地の効果発現を可能とした点であった。

　譲渡先の地方公共団体にとっては，頭金を除くと初期の財政負担を伴わずに目的とする緑地が整備され，さらには事業団自らが都市計画の施行者となり，都市計画事業承認や国庫補助金の申請，国への予算要望に関する事務を遂行することから，大幅な事務負担の軽減・緩和が図られることとなる。筆者[13]が，過年度に当該事業と地方公共団体が行う同等規模の都市公園事業（補助事業）とを対比して，地方の財政負担の軽減について調査した結果では，事業実績値において地方の財政負担率は県事業，市事業のいずれも1/2以下であり，かつ，建設段階の自己資金については，制度上の理論値よりも下回っていたことが明らかになっている。

　一方，整備された緩衝緑地は，将来にわたって永続性を有する公的なオー

写真 4.1.1　姫路地区共同福利施設（兵庫県姫路市）^{（注）}

写真 4.1.2　横浜地区共同福利施設（横浜市）^{（注）}

（注）写真は、（独）環境再生保全機構より提供。

プンスペースとして担保されることにより，都市の形態を規制し，都市の構造基盤を構成するものであり，いわば「グリーンインフラ」として位置づけられる緑地帯（グリーンベルト）であり，わが国の緑地制度上も特筆すべき位置を形成しているものとして評価することができる。このことは，建設省（現国土交通省）が1996（平成8）年に都市公園整備，都市緑化に関する主要課題の克服に向けて必要とされる技術テーマとその開発，導入プログラムを取りまとめた第一次の「公園・緑化技術五箇年計画[14]」において，「近年の公園・緑化事業の展開を支えた主要な技術」として「緩衝緑地における緑化技術」が位置づけられていることからも明らかである。(**写真 4.1.1，写真 4.1.2** 参照)

3.3 事業の実績

表 4.1.1 は，事業団が整備した共同福利施設の整備実績である。この表中，地区数については，事業団の「事業統計（2002 年 3 末月現在）[15]」に基づき複数の工期に及んでいる事業箇所を同一地区として，集計したもの

表 4.1.1 共同福利施設整備実績 総括表

整備地区数 （N）	整備面積 （A）	整備事業費 （B）	A／N	B／N
地区 29	ha 1,120	百万円 266,178	ha 38.6	百万円／地区 9,179

表 4.1.2 共同福利施設の規模別内訳

区分	地区数	地区名
100ha 以上	1	福井
50ha 以上 100ha 未満	8	徳山，姫路，鹿島，水島，大分，習志野，庄内空港，松本空港
20ha 以上 50ha 未満	13	市原，赤穂，富津，清水（横砂），四日市中央，霞ヶ浦，東海，多賀城，坂出，小野田，富山，北九州，和歌山
10ha 以上 20ha 未満	6	泉北，鶴崎，君津，横浜，富山空港，東大阪
10ha 未満	1	下松
計	29	

(注) 1. 「環境事業団事業統計（2003 年 3 月現在）[15]」より作成。
2. 事業が数期に及ぶ場合は，同一地区としてまとめた。

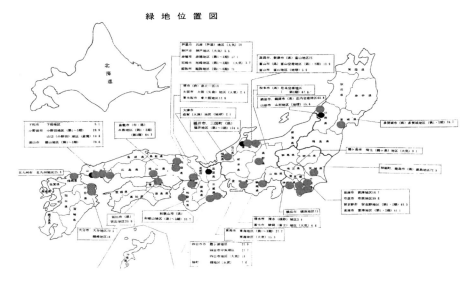

緑 地 位 置 図

図 4.1.3　共同福利施設の事業個所

である。この結果，当該事業により整備された緩衝緑地は全国で 29 地区，面積 1,120ha にも及ぶ。この整備面積は，東京都 23 区内の山手線の内側に相当する規模である。1 地区当たりの平均整備面積は 38.6ha，平均事業費は 91 億 8 千万円となっている。整備した地区のうち，最も面積規模が大きな地区は福井地区の 134.4ha がずば抜けて大きく，次いで，茨城県の鹿島地区が 72.5ha，兵庫県の姫路地区が 71.0ha となっている。福井地区は福井臨海工業地帯の緩衝緑地である。緑地の規模別にみると，20ha 以上 50ha 未満が 13 箇所と最も多くなっている（**表 4.1.2** 参照）。

　図 4.1.3 は全国で実施された共同福利施設建設譲渡事業の実施個所を示したものである。事業団が創設以来，営々と続けてきた緩衝緑地のストックは，わが国の都市域における産業公害の防止のための社会資本として寄与するだけでなく，環境問題が産業公害のように原因者が特定され，被害地域が限定される産業公害問題とは異なり，地球温暖化の進行や生物多様性の危機等，近年のグローバル化した環境問題[2),16)]に対応した低炭素で自然との共生[補注5)]が図られた持続可能な社会を形成していく上においても有

効であり，かつ都市の安全性，防災性を向上させ，強化していく面からも都市の骨格を形成するインフラストラクチュアを構成している。

まとめと考察

　1965（昭和40）年に公害防止事業団が設立されて以降，わが国の高度経済成長の過程で発生した外部不経済である産業公害を防止するために創設された「共同福利施設建設譲渡事業」について，事業成立の背景と事業のしくみ，事業制度の内容と特色，事業の実績について検証を行った。事業団が設立されて以来，公害防止事業として実施されてきた緩衝緑地整備事業については，「建設譲渡事業」という事業団独自の制度スキームによって具体化され，その強力な推進が可能であったと言える。

　この事業方式が，通常の受委託方式と異なる点は以下の点である。

一つは，事業団自らが都市計画事業者として主体的に事業を実施する点，

二つは，技術支援措置と財政支援措置が車の両輪となって，事業を牽引する点，

三つは，「汚染者負担の原則（P.P.P.）」に基づき，事業費の一部を事業者に負担させるしくみとなっている点である。

　一点目については，地方公共団体との譲渡契約を経て，事業団が「都市計画法」第59条第3項に基づき，都市計画の事業者となって事業を主体的に実施していくことであり，国庫補助事業の申請も事業団自らが建設省（現国土交通省）に対して行い，交付を受けて基本・実施設計，用地の取得，工事の実施を行うものである。

　二点目については，「技術支援措置」として事業団の技術スタッフの経験とノウハウを活用した総合的なプロジェクト管理体制の下での効率的な事業執行が図られる点と「財政支援措置」として，長期低利の財投資金と国庫補助金等により事業に要する財源を措置する点である。これにより，地方公共団体は埋立地等での公害の著しい地域等の条件下において環境保全対策としての緑地を初期の財政負担をほとんど伴うことなく，事業団にアウトソーシングし，事業団という専門機関によって適切かつ効率的な整

備を短期間に行うことが可能となった。

　三点目については，環境対策として緑地整備を行う上で事業スキームの根幹をなすものであり，具体には共同福利施設整備においては企業負担に要する費用も，整備段階において事業団が財投資金により措置し，企業側からは地方公共団体への譲渡後の償還時に合わせて費用を徴収することにより，企業側にとっても初期の財政負担が軽減されることとなる点である。

　このような事業団独自の事業方式の採用により，平均事業期間が4.2年という短期間での整備が可能となったと考えられる[13]。緩衝緑地を形成する共同福利施設事業については，わが国の産業経済が急速な発展を遂げていく中で，産業側からも経済活動を維持，発展を図る上においては，近隣住民側への生活環境に対する保全対策が一刻の猶予も許されない事態を惹起するに至り，国としても早急な公害防止対策を迫られていた[4]。このような状況の中で，公害対策の専門機関として公害防止事業団が設置され，工場側の公害発生源対策としてだけでなく，住宅地と工場地帯とを土地利用上明確に区分し，緩衝帯となる緑地を設ける共同福利施設が制度化されたのであった。事業の名称が示すとおり，産業側の従業員と住民側への福利施設としての性格を有し，産業側にとっては自らの事業の維持存続を図る上での地域融和策としての性格を多分に有していたと言える。

　事業創設時は必ずしも緩衝緑地と同義で扱われていたわけではなく，緑地以外には，緩衝地帯となる運動場や体育館のような施設も想定されていた。事業制度として緩衝緑地の形態を伴うようになったのは，1969(昭和44)年以降都市公園の国庫補助金を導入するようになってからのことである。当時の建設省の補助事業の実施要領として，緑地であることが補助を行うための必要要件として規定したことが「共同福利施設」の形態を緩衝緑地として整備していく上での一大転機を画したと言える。公害防止対策基本法の制定やこれに伴う財政上の特例措置による補助率嵩上げ，特別交付税の措置等の制度が充実していき，事業団が地方公共団体との譲渡契約を締結し，当該事業を推進していく上で有効な制度上の手当として強化されていった。

　共同福利施設建設譲渡事業は，1965(昭和40)年の制度創設以来，事業

が終息した 2004(平成 16)年度までの 40 年間にわたり，全国での緩衝緑地整備を担ってきた(**図 4.1.3** 参照)。一部の例外を除いて，わが国における公害防止目的で設置された緩衝緑地は，そのほとんどは事業団の共同福利施設建設譲渡事業によって整備されたものである。整備された緩衝緑地は，基本的には国の「公害防止計画」に位置づけされた緑地であり，公害防止対策としての必要性の高い緑地であった。この制度によって整備された緑地のストックは，全国で 1,000ha 以上に及ぶ。これらの緑地は，永続性のあるオープンスペースとして維持されることから，安全で良好な都市環境を形成していく上で，「社会的共通資本[17)]」となり，いわばスタビライザー(stabilizer)として都市構造にビルト・イン(built-in)されたものとして評価することができよう。

　公害事業団法が制定され，公害防止事業団が設置された当時の社会背景としては，産業公害が激化していく中で，これ以上放置した場合にはわが国の産業経済の発展のみならず産業構造そのものを維持できなくなる程，産業公害が看過できない状態に至っていたことが指摘される。このような状況においては，単に発生源である工場側への規制の強化のみならず，公害防止対策を専門に担う機関を設置し，公害という環境問題に対して，より迅速かつ的確に対応することが社会的にも要請されていたと言える。事業団という国の専門機関が，公害対策を強力に推進していく上でその牽引役を担った事業方式が「建設譲渡事業」であった。その最大の特色は，事業団と譲渡先との間で譲渡契約を締結した後，事業団は長期低利の財政投融資資金(財投)を用いて事業団による一元的なプロジェクト管理の下で，短期の施工により早期の事業効果の発現を可能とした点である。すなわち，建設譲渡事業制度は，事業団が財投を用いた低利の「財政支援措置」と事業団の保有する技術と人材を活用した「技術支援措置」を車の両輪として一体的に実施していく整備手法であった。

　この手法は，財政力基盤が弱く，緑地整備の技術者を有しない地方公共団体にとって，公害対策として整備の緊急性を有する緩衝緑地を早期かつ的確に整備し，緑地の環境保全効果を発現させる上で，極めて有効な対策手法であったと言えよう。わが国が高度経済成長の過程でもたらした「負

の遺産」とも言える公害問題に対して，総合的な公害防止計画，環境基準のもとで，企業側の公害防除のための環境技術の革新（イノベーション）と行政側からの財政支援措置，専門実施機関としての事業団による実施体制の整備によって，産業公害を緩和・防止し，着実に環境の改善に寄与し，今日では安全・安心な都市のグリーンインフラとして存続している。

　近年，中国国内の北京等の大都市を中心として，PM2.5による大気汚染問題が国境を越えて隣国にも影響を及ぼす環境問題として顕在化している。事業団という専門実施機関により，予算と技術を傾斜的に配分することで，社会的共通資本[17]となる緩衝緑地を重点的かつ早期に整備し，事業効果の発現を図る環境対策の手法は，中国のPM2.5による大気汚染等現下の環境問題に対して，その解決を図る上でも有効と考えられる。

補　注

1)　公害対策基本法第2条第1項では，「公害」を「事業活動その他の人の活動に伴って生ずる相当範囲にわたる大気の汚染，水質の汚濁，騒音，振動，地盤の沈下（鉱物の掘採のための土地の掘さくによるものを除く。以下同じ。）及び悪臭によって，人の健康又は生活環境に係る被害が生ずることをいう。」と定義している。本章においても特に断りのない限り，同法の定義を踏襲して使用する。

2)　「予防原則」とは，1990年の北海の保護に関する第三回国際会議で採択された「ハーグ宣言」で定義され，「科学的に確実でないということが，環境の保全上重大な事態が起こることを予防する立場で対策を実施することを妨げてはならない[18]」とする考え方である。

3)　「汚染者負担の原則」とは，1974年の「汚染者負担原則の実施に関するOECD理事会勧告」の中で提唱された「公害防止及び規制措置の費用の負担に関する基本原則」であり，「汚染者が，環境を受容可能な状態に確保するための措置の実施費用を負担すべきであることを意味する。換言すればこれらの措置の費用は，生産面あるいは消費面で公害を惹起するような財及びサービスのコストに反映されるべきである[18]」とする考え方である。

4)　公害防止事業団は，1994年に環境事業団となり，2004年4月に組織・機構の見直しにより，独立行政法人環境再生保全機構に再編されている。

5)　第一次の環境基本計画[19]では，「長期目標」の一つとして「共生」を掲げており，「大気，水，土壌及び多様な生物等と人間の営みとの相互作用により形成される環境の特性に応じて，かけがえのない貴重な自然の保全，二次

的自然の維持管理，自然的環境の回復及び野生生物の保護管理など，保護あるいは整備等の形で環境に適切に働きかけ，その賢明な利用を図るとともに，様々な自然とのふれあいの場や機会の確保を図るなど自然と人との間に豊かな交流を保つことによって，健全な生態系を維持・回復し，自然と人間との共生を確保する。」と位置づけ，「自然と人間との共生」の必要性を掲げている。

引用文献

1) 公害防止事業団法(1965)
   http://www.shugiin.go.jp/internet/itdb_housei.nsf/html/houritsu/
2) 環境省総合環境政策局総務課編著(2002)『環境基本法の解説』，ぎょうせい，531pp.
3) 公害対策基本法(1967)
   http://www.shugiin.go.jp/internet/itdb_housei.nsf/ html/houritsu/
4) 厚生省環境衛生局，通商産業省企業局(1965)「公害防止事業団法逐条解説」
5) 厚生省，通商産業省(1965)「第48回国会提出公害防止事業団法案参考資料 」
6) 公害防止事業団(1976)『公害防止事業団10年のあゆみ』，628pp.
7) 建設省都市局公園緑地課(1968)「国庫補助緩衝緑地造成事業の実施要領」
8) 公害の防止に関する事業に係る国の財政上の特別措置に関する法律(1971)
   http://law.e-gov.go.jp/htmldata/S46/S46HO070.html
9) 公害防止事業団(1987)『公害防止事業団25年のあゆみ』，242pp.
10) 公害防止事業費事業者負担法(1970)
    http://law.e-gov.go.jp/htmldata/S45/S45HO133.html
11) 鈴木弘孝(2004)緩衝緑地整備に果たした共同福利施設建設譲渡事業の意義と役割に関する研究，環境情報科学論文集 No.18, 343-348
12) 鈴木弘孝・高橋寿夫(2004)緩衝緑地整備の事業効果分析，環境情報科学論文集 No.18, 349-354
13) 鈴木弘孝(2005)共同福利施設建設譲渡事業における財政支援措置に関する研究，環境情報科学論文集 No.19, 123-126
14) 建設省都市局公園緑地課・財団法人都市緑化技術開発機構監修(1996)『公園・緑化技術5か年計画』，大蔵省印刷局発行，126pp.
15) 環境事業団(2002)事業統計，145pp.
16) 鈴木弘孝(2001)環境事業団の行う緑地整備事業，ベース設計資料 No.103 公園・体育施設編，建設工業調査会，25-29
17) 宇沢弘文(2000)『社会的共通資本』，岩波書店，239pp.

18) 倉坂秀史(2008)『環境政策論(第2版)』，信山社出版，354pp.
19) 環境省(2004)「第一次環境基本計画」，環境省ホームページ：
    https://www.env.go.jp/policy/kihon_keikaku/plan/kakugi061206.html

第2章　緩衝緑地整備の事業効果分析

　前章では，共同福利施設事業成立の社会的背景と事業制度としての環境政策上の意義について，建設譲渡事業という独自の整備手法により効率的に行われ，かつ緑地という形態を確保する上で，国庫補助金の導入が重要な役割を果たしたこと，国からの財政支援措置により事業期間が同等規模の都市公園と比較して，短期間で実施されたことを明らかにした。

　本章では，緩衝緑地の事業効果について，共同福利施設建設譲渡事業の中でも事業費の投資規模が大きい姫路地区を事例として，環境事業団（現（独）環境再生保全機構）において開発された計測モデルによる費用対効果分析方法を用いて経済価値の分析・評価を行った。

　公園緑地に関する事業効果分析については，国土交通省が面積 10ha 以上の大規模公園について，「大規模公園費用対効果分析手法マニュアル[1]」をとりまとめ，2004（平成 16）年 4 月に改訂がなされている[2]。公園の利用に伴う直接利用価値を「トラベルコスト法（TCM）[補注1]」により，都市環境改善等の間接利用価値については，「代替法[補注2]」により計測を行うこととしていたが，改訂では，間接利用価値について新たに「コンジョイント分析[補注3]」により計測する手法を提示している。同じく，国土交通省では，「小規模公園費用対効果分析マニュアル[3]」において，小規模公園を「歩いていける範囲の公園」とし，公園の有する一般的な価値をコンジョイント分析により計測する方法を提示している。

　緑地の環境保全に資する経済的価値を定量的に計測するためには，代替法によって市場材の価値に換算することは困難であり，改訂されたコンジョイント分析においても，都市公園整備によって生じる一般的な環境の維持・改善，都市景観，都市防災効果について計測することを目的としたものであり，本研究の対象緑地である緩衝緑地の事業効果を計測する手法としては適切とは言えない。

　一方，公園緑地を対象とした経済価値分析に関する既往の研究例としては，庄司が国定公園内にある湿原を対象として自然公園の適正管理を行う

目的で環境価値を「仮想的市場評価法(CVM)^{補注4)}」を用いて算出した例[4]，レクリエーション価値を TCM と CVM により比較・評価した例[5]，太田らが近隣公園の管理運営について公園利用者や周辺住民にアンケート調査を行い，CVM を用いて維持管理費用との比較により便益評価を行った例[6]，武田らが身近な公園の価値について，コンジョイント分析を用いて公園の要素毎の評価を周辺環境と被験者の属性との関係で検証した例[7]等があるが，緑地の環境保全効果に着目をして計測・分析を行った事例は少ない。これに対して，環境事業団では，財投制度の抜本的改革や政策評価の動きに対応して，2000(平成 12)年度より独自の経済価値分析手法の検討に着手し，2002(平成 14)年度に有識者の意見を踏まえた費用対効果分析手法をとりまとめている。

そこで，本章では，完成した緩衝緑地の経済価値を分析するために，緩衝緑地の直接利用価値については，都市公園としての利用がなされていることを踏まえ，トラベルコスト法(TCM)により検討を行い，間接利用価値については環境事業団が開発した計測モデルを準用して，総便益を算出し，事業効果の定量的な分析と評価を行うこととした。

1. 姫路地区共同福利施設建設譲渡事業の概要

本章では，環境事業団が共同福利施設事業として整備した緩衝緑地のうち，投資規模の大きい姫路地区(兵庫県姫路市)^{補注5)}を事例として，事業効果についての経済的価値を定量的に評価した。姫路市の臨海部には，戦後，新日本製鐵を始め製鉄化学，関西電力等相当数の企業が進出し，一大工業地帯を形成して工業都市としての発展を遂げた。一方，これら企業の生産活動に伴い，煤じん，騒音等による各種公害の発生が懸念されたことから，後背地への公害防止対策として地域の環境整備が急務となった。

全国的に公害が社会問題化していた当時の社会状況下において，1970(昭和 45)年に策定された姫路市総合基本計画においては，産業公害や工場等から発生する災害を未然に防止し，市民の生活環境を保全していく上で，緩衝緑地により工場地帯と住宅市街地を明確に分離することが有効であ

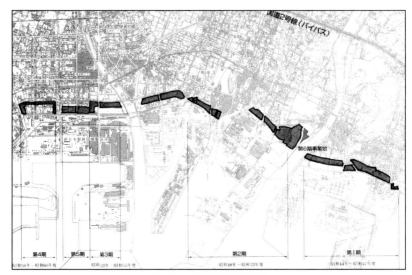

図 4.2.1　姫路地区の位置図

表 4.2.1　対象地区の整備概要　　　　　　　　　　　　　　　（単位：千円）

地区名		事業費	面積	事業年度	施設内容
第 1 期	白浜地区	1,839,987	22.1ha	1969 〜 72	芝生広場，野球場，テニスコート，ゲートボール場，駐車場等
	妻鹿地区				芝生広場，駐車場等
第 2 期	中島地区	6,629,000	21.0ha	1971 〜 78	芝生広場，野球場，駐車場等
	構・細江地区				芝生広場，駐車場等
第 3 期	広畑東地区	4,217,000	7.5ha	1978 〜 80	芝生広場，噴水広場，駐車場等
第 4 期	広畑西地区	5,788,810	5.0ha	1981 〜 85	芝生広場，休憩広場，駐車場
第 5 期	広畑鶴町地区	8,366,120	6.0ha	1986 〜 93	芝生広場，野球場，テニスコート，多目的広場，駐車場等

り，必要との見解を表明している。**図 4.2.1** は，対照とする姫路地区の位置を示したものである。

　当該緑地は，1968（昭和 43）年 7 月に都市計画決定され，緑地の計画面積は 71.3ha，総延長 5.5km（最終計画面積 83.8ha，総延長 10.2km），幅員は 100 〜 130m である。当該緑地は，全体の事業計画が 7 期に区分され，第 1 期から第 5 期の事業費，面積，事業年度，主な施設内容をまとめると**表 4.2.1** のとおりである。

2. 効果の計測

2.1　間接利用価値の計測

(1)計測の手法

　本章では，上述したとおり間接利用価値の計測に当たって，環境事業団[8]でとりまとめた確率効用モデルによる効果計測手法を準用している。このモデルは環境事業団において，新たに整備する緩衝緑地の費用便益を算出することを目的に，学識経験者（座長：一橋大学根本敏則教授）で構成された委員会の審議を踏まえて，独自に開発されたものである。すなわち，このモデルは特定の事例地のみでなく，共同福利施設建設譲渡事業等環境事業団の緑地整備事業に広く適用することを前提に検討が行われた。

　表 4.2.2 は，今回の評価対象とする価値の種類と計測方法をまとめたものである。このうち，「都市環境維持・改善」については効用関数を二つに区分し，大気浄化，騒音緩衝を対象としたものを「環境改善(a)」，動植物生育の場提供，二酸化炭素吸収，ヒートアイランド緩和を対象としたものを「環境改善(b)」としている。緩衝緑地の整備に伴う環境改善効果としては，環境改善(a)が事業目的の達成に必要不可欠な効果と見なすことができる。NO_2 緩和量は，**表 4.2.3** に示す数値を用いて計測した。「遺贈価値」については，環境改善等の間接利用価値に含めて計測されており，単独にはモデル化されていない。

　計測に使用した効用関数は(1)式に示すとおり確定項(V)と確率項(ε)の和で構成される。効用関数の形状として，各項全てを一次関数とした基

表 4.2.2 計測対象とした価値及び計測方法

緩衝緑地整備によって生じる価値の種類			計測方法
直接利用価値			旅行費用法
間接利用価値	都市環境維持・改善	(a) 大気浄化	環境事業団の計測モデル
		騒音緩衝	
		(b) 動植物生育の場提供	
		二酸化炭素吸収	
		ヒートアイランド緩和	
	都市景観	良好な景観の保全・創出	
		都市形態規制	
	都市防災	火災延焼防止	
		避難地確保	
遺贈価値			

表 4.2.3 緑地規模による NO_2 騒音緩和量

緑地の奥行き (m)	NO_2 濃度緩和量 (ppb)	騒音レベル緩和量 (dB)
0 ＜奥行き＜ 100	5	8
100 ≦奥行き＜ 200	8	12
200 ≦奥行き	11	13

本形に，対数，2乗，平方根を施して設定した5種類の式からパラメータを推計した上で，①パラメータ符号が実情に合致していること，②各価値間の関数形を統一できること，③尤度比の高いこと，等から(2)式が選択されている。

＜効用関数の形＞

$$U = V + \varepsilon \qquad \cdots\cdots (1)$$

$$V = \{ \delta a_1 (X_1) + \delta a_2 (X_2) + a_3 \sqrt{X_3} + a_4 \sqrt{X_4} + a_5 (X_5)^2 + C \} \delta(X_6) + a_6 (X_7) \qquad \cdots\cdots (2)$$

U：効用，V：効用関数の確定項，ε：効用関数の確率項，C：定数項，ai：パラメータ，X_1：NO_2 濃度の緩和量(ppb)，X_2：騒音レベルの緩和量(dB)，

X_3：緑地奥行き(m)，X_4：緑地の長さ(m)，X_5：ゾーン中心から緑地までの距離(m)，X_6：緑地整備の有無，X_7：緑地整備の負担金(円／月)，δ：NO$_2$濃度・騒音レベルが関係する価値項目 = 1　関係しない価値項目 = 0，δ(緑地整備の有無)：緑地整備を行う場合 = 1　緑地整備を行わない場合 = 0

　またパラメータの導出においては，2001(平成13)年度時点で事業を実施中の10地域とその周辺住民を対象に緑地整備の選好についてアンケート調査を実施し，**表4.2.4** のパラメータ値を推定している。変数間相互の独立性について，X_3，X_4，X_5，X_7 については，パラメータ推定に利用したアンケート票作成時，直交表により変数間が独立な変数であることを確認した。X_1，X_2 については，**表4.2.3** に示すとおり X_3 と一体的な変数として設定されているが，共同福利施設建設譲渡事業の環境改善価値を定量化していく上においては具体的かつ有効な変数と考えられる。さらに，具体の地区に適用したモデルによって算出された額について実情に合致していることが確認されている。

　本章は，姫路市において過年度環境事業団によって整備された共同福利施設建設譲渡事業の効果分析を行うものであり，以上の検討を踏まえ，同モデルを準用して効用計測を行うことが妥当と判断した。

表4.2.4　パラメータ値

パラメータ	環境改善(a) (＋遺贈価値)	環境改善(b) (＋遺贈価値)	都市景観 (＋遺贈価値)	都市防災 (＋遺贈価値)
a1	1.470E-1	—	—	—
a2	1.935E-2	—	—	—
a3	1.762E-1	9.027E-2	6.961E-2	1.657E-1
a4	3.483E-3	1.758E-2	2.193E-2	1.882E-2
a5	-2.540E-6	-1.290E-6	-1.330E-6	-1.260E-6
a6	-1.761E-3	-9.061E-4	-1.453E-3	-1.223E-3
C	3.387E+0	6.120E-1	1.430E+0	2.167E-1

$$S=ln\{1+exp(V)\} \qquad \cdots\cdots(3)$$

ここで，S は満足度 [−]，V は効用関数の確定項

EV（Equivalent Variation）に基づき，各世帯の支払い意思額（限界支払い意思額）は，(4)式のとおりとなる。

$$各世帯の支払い意思額 \;=\; S/a_6 \qquad \cdots\cdots(4)$$

a_6：効用関数内における負担金のパラメータ

この支払い意思額に世帯数を乗じたものが便益額となる。

(2)計測に用いた基礎データ

1)各地区の整備状況

　各地区別の平均的な幅員を計測した。計測結果は**表4.2.5**のとおりである。

2)緑地とゾーン間の距離

　上記のアンケート調査結果によると概ね3kmで支払い意志は0となることから，各緑地から直線距離で3kmの地域を対象とし，緑地とゾーン間距離の計測を行った。ただし，過大評価を避けるため，最短の距離の緑地からのみ効果が発現すると仮定して計測を行った。

3)世帯数

　姫路市総務局総務部情報政策課「町別人口」(2003年9月30日現在)を用いた。

(3)計測結果

　間接利用価値の効果について，各地区の計測を行った結果は**表4.2.6**の通りである。

表 4.2.5　各地区の整備規模

地区		横幅(m)	奥行き(m)
第1期	白浜地区	975.0	143.0
	妻鹿地区	819.0	91.0
第2期	中島地区	1209.0	286.0
	溝・細江地区	741.0	104.0
第3期	広畑東地区	672.0	130.0
第4期	広畑西地区	784.0	130.0
第5期	広畑鶴町地区	560.0	110.0

出典：環境事業団[8]

表 4.2.6　間接利用価値の計測結果　　　　(単位：千円／年)

地区区分		環境改善(a)＋遺贈価値	環境改善(b)＋遺贈価値	都市景観＋遺贈価値	都市防災＋遺贈価値	合計
1期	白浜	191,989	115,501	97,652	111,071	516,213
	妻鹿	58,986	32,166	28,816	29,211	149,179
2期	中島	268,934	171,100	136,963	189,383	766,380
	溝・細江	189,742	110,604	94,981	100,324	495,651
3期	広畑東	99,122	55,162	48,420	54,319	257,023
4期	広畑西	254,645	146,289	127,426	142,554	670,914
5期	広畑鶴町	79,902	44,151	37,927	40,604	202,584
合計		1,143,320	674,973	572,185	667,466	3,057,944

※妻鹿地区はデータサンプルが2点のためt値は得られない。

2.2　直接利用価値の計測

　環境事業団[8]では，直接利用価値は一般都市公園の計画手法を準用するように設定されている。そこで，本論文では建設省建築研究所が行った「浜手緑地利用実態アンケート調査」[9]等において，地区別に利用者数，利用者の居住地調査結果を用いて，各地区別の需要関数を導出し，トラベルコスト法(TCM)を用いて，直接利用価値の計測を行った。

(1)データの収集・整理方法

1)ゾーニング

姫路市内は町丁目を1ゾーンとし，ゾーン中心をゾーンの地理的中心とした。また姫路市外は市町村を1ゾーンとし，ゾーン中心を市町村役場とした。

2)各地区の利用者数

上記の利用実態調査によると，各地区の年間利用者数は**表 4.2.7**のとおりとなっている。この利用者数を，利用実態調査による居住地比率に従って，各ゾーンに割り振り，ゾーン別利用者を算出した。

3)移動速度

上記利用実態調査による各地区の利用交通手段データと各交通手段別速度を用いて，各地区の平均移動速度を算出した。移動速度について，徒歩，自転車の速度は，上述した国土交通省の「大規模公園費用対効果分析手法マニュアル[1]」を参考にそれぞれ 4.8km/h，9.6km/h とした。自動車については，30km/h とした。

4)旅行費用

ゾーン中心から浜手緑地の各地区までの最短経路における移動距離を計測し，この経路を上記速度で移動するとして，所要時間を算出した。算出した所要時間を，**表 4.2.8**に示す基礎データに基づき，所得接近法により算出した時間価値を用いて，旅行費用を算出した。なお，自動車利用分については燃費を 10 円/km として，旅行費用に加えた。

表 4.2.7　各地区の年間利用者数

地区区分		年間利用者(人)
1期	白浜地区	46,804
	妻鹿地区	74,285
2期	中島地区	46,047
	溝・細江地区	8,923
3期	広畑東地区	5,271
4期	広畑西地区	2,949
5期	広畑鶴町地区	50,418

表 4.2.8 時間価値算出結果

区分	データ	年度	出典
人口(a)	5,550,574 人	H12	国勢調査
総労働時間(b)	1858 時間	H11	兵庫労働局
生産額(c)	19417566 百万円	H11	県民経済計算
時間価値 (d=c/a/c/60)	\multicolumn{3}{c}{31.4 円／分}		

出典：建設省建築研究所[9]

表 4.2.9　パラメータ推定値

区分		ai	bi	ai の t 値	bi の t 値
1期	白浜地区	-1.39E-04	5.80E-01	-2.97	4.71
	妻鹿地区	-2.11E-02	2.36E+01	- ※	- ※
2期	中島地区	-1.12E-03	3.62E+00	-6.06	8.21
	溝・細江地区	-1.51E-04	1.16E+00	-2.52	4.99
3期	広畑東地区	-6.05E-04	7.59E-01	-2.97	3.91
4期	広畑西地区	-1.52E-04	5.86E-01	-1.39	2.37
5期	広畑鶴町地区	-1.94E-04	9.14E-01	-3.23	5.86

2.3　需要関数の推定

　(5)式に示すような需要関数を想定し，上記 2.2(1)のデータを利用し，最小二乗法を用いてパラメータ値を**表 4.2.9**のように推計し，需要関数を導出した。

＜需要関数の形＞

$$y_{ij} = a_i + T_{ij} + b_i \qquad \cdots\cdots(5)$$

y_{ij}：緩衝緑地地区 i におけるゾーン j からの人口一人当たり利用者数

(1)直接利用価値の計測

　(5)式の需要関数を用いて，各地区の直接利用による便益額を計測した。計測方法は，(6)式により行った。

<便益計測方法>

$$B_i = \sum_j \int_{T_{ij}}^{T_\infty} (a_{ijt} + b_i) dt \qquad \cdots\cdots (6)$$

B_i：地区 i の便益額，T_∞：利用目的が 0 とする旅行費用 $(=-b_i/a_{ij})$，

T_{ij}：地区 i －ゾーン j 間の旅行費用

(2)計測結果

各地区の直接利用価値による年間便益額を計測した結果は**表 4.2.10** のとおりである。

2.4 費用便益比の算出

2.3(2)で算出した単年度便益額，また，**表 4.2.11** に示した事業実績値を用いて費用便益比を算出した。算出式は(7)式のとおりである。算出に際して，緩衝緑地の事業目的にあった効果項目である「環境改善(a)」，「都市景観」，「都市防災」の 3 項目でのみに限定した場合(ケース 1)，全項目を対象として便益額算出(ケース 2)の 2 ケースで費用便益比を算出した。

また，プロジェクトライフ，割引率については，都市公園に準拠し，それぞれ 50 年，4％とした。これらを含めた計測の前提は**表 4.2.12** のとおりである。

分析結果を**表 4.2.13** に示すとともに，地区別の価値項目別便益額を**表 4.2.14** にまとめる。

$$B/C = \frac{\sum\limits^{m} B_t/(1+i)^{t-n}}{\sum\limits^{m} C_t/(1+i)^{t-n}} \qquad \cdots\cdots (7)$$

B_t：t 年に生じる便益，C_t：t 年に生じる費用　i：割引率，n：基準年，

m：プロジェクトライフ

表 4.2.10 直接利用価値による年間便益額

地区区分		年間便益額(千円/年)
第1期	白浜地区	101,693
	妻鹿地区	24,494
第2期	中島地区	305,338
	溝・細江地区	28,231
第3期	広畑東地区	965
第4期	広畑西地区	3,058
第5期	広畑鶴町地区	260,444
合計		724,223

表 4.2.11 各地区別事業費　(単位:千円)

地区区分		用地・補償費	工事費	その他	総額
1期	白浜地区	1,142,143	470,204	227,640	1,839,987
	妻鹿地区				
2期	中島地区	4,137,000	1,355,000	1,137,000	6,629,000
	溝・細江地区				
3期	広畑東地区	3,217,889	546,942	452,239	4,217,070
4期	広畑西地区	4,516,751	493,650	778,409	5,788,810
5期	広畑鶴町地区	6,230,074	935,927	1,200,119	8,366,120
合計		19,243,857	3,801,723	3,795,407	26,840,98

表 4.2.12 費用便益算出前提

項目	設定した条件
プロジェクトライフ	50年
割引率	4%
基準年	2003(平成15)年
事業費	実績値を利用
維持管理費	第5期の整備終了時点である平成5年以前は実績値，それ以降は平成5年と同額が発生すると仮定。
各年の便益額	便益額は各地区供用後，発生することとした。
用地費	プロジェクトライフ終了後，購入価格と同額で売却できるとした。
計測ケース	ケース1：緩衝緑地の事業目的にあった効果項目である「環境改善(a)」，「都市景観」，「都市防災」の3項目で便益算出 ケース2：全項目を対象として便益額算出

表 4.2.13 各地区から発生する項目別便益額 （単位：千円）

地区区分		間接利用価値				直接利用価値	合計
		環境改善 (a)	環境改善 (b)	都市景観	都市防災		
1期	白浜	13,231,533	7,960,145	6,729,974	7,654,813	7,008,472	42,584,937
	妻鹿	4,065,224	2,216,849	1,985,915	2,013,192	1,688,083	11,969,263
2期	中島	16,028,345	10,197,461	8,162,932	11,287,171	18,198,026	63,873,935
	溝・細江	11,308,563	6,591,967	5,660,819	5,979,296	1,682,529	31,223,174
3期	広畑東	5,095,454	2,835,629	2,489,070	2,792,319	49,610	13,262,082
4期	広畑西	11,706,759	6,725,319	5,858,157	6,553,626	140,603	30,984,464
5期	広畑鶴町	3,047,908	1,684,172	1,446,762	1,548,886	9,934,823	17,662,551
合計		64,483,786	38,211,542	32,333,629	37,829,303	38,702,146	211,560,406

表 4.2.14 費用便益分析結果 （単位：千円）

地区区分		費用	ケース1		ケース2	
			便益	B/C	便益	B/C
1期	白浜	14,014,189	35,680,651	2.55	54,554,199	3.89
	妻鹿					
2期	中島	32,959,935	58,427,126	1.77	95,097,108	2.89
	溝・細江					
3期	広畑東	12,975,278	10,376,842	0.80	13,262,081	1.02
4期	広畑西	9,589,675	24,118,542	2.52	30,984,464	3.23
5期	広畑鶴町	14,142,584	6,043,557	0.43	17,662,553	1.25
合計	合計	83,681,661	134,646,718	1.61	211,560,405	2.53

まとめ

環境事業団のモデル式を用いて，緩衝緑地の事業効果について，姫路地区の第1期から5期までの経済価値の計測を行った結果，以下のような点を指摘できる。

(1) 便益額の比較・評価

表4.2.13 より，全地区の総便益は2,115億6千万円となった。これを間接利用価値と直接利用価値について比較すると，間接利用価値が1,729億円となり，便益全体の約8割を占めている。間接利用価値のうち，環境改善(a)が便益全体の約3割で最も多くなっている。緩衝緑地が工業地帯と住宅・市街地間の緩衝帯として，騒音・振動の防止，煤塵防除等環境保全を事業目的としていることから，妥当な結果と考えられる。

地区別に見ると各地区の施設特性により，直接利用価値の占める比率に変化が見られ，第2期の中島地区や第5期の広畑鶴町地区では直接利用価値の比率が他の地区と比較すると高くなっている。これらの地区では，野球場，テニスコート等の運動施設が緩衝緑地内に整備されており，市内の各種大会等の利用者が多いことがその要因と考えられる。

その一方で，3期(広畑東)地区，4期(広畑西)地区では，樹林帯の中に園路と芝生広場が配置されている程度であり，直接利用価値も1%以下と極端に低くなっている。

(2) 費用便益比の比較・評価

表4.2.14 より，全地区の総費用は836億8千万円であり，費用便益比は2.53となっている。地区別に見ると便益比が1.02 ～ 3.89とばらつきがあるが，いずれも1.0は上回っている。

これを緩衝緑地の事業目的である産業公害の防止，生活環境保全に直接関係すると考えられる環境改善(a)，都市景観(都市形態規制)，火災延焼防止についてまとめたものが，**表4.2.14** のケース1である。全地区では，便益比が1.61となっており，緩衝緑地の整備による事業効果は経済価値分析上得られたとものと言える。ただし，地区別に見ると3期(広畑東)地区と5期(広畑鶴町)地区では，便益比が1.0を下回っている地区がある。

本章での計測においては，複数の地区から効果があると考えられるエリアについては，最も近傍地区からのみ効果が発生するとしたため，互いに隣接している3期，5期のB/Cが1を割る結果となったと考えられる。

　今回の分析に使用した環境事業団の確率効用モデルは，緩衝緑地の奥行きと長さを緑地の構造を規定する要因としたが，緑地内の樹林の規模や樹種等の特性は，モデル式には反映されておらず，今後の環境保全に資する緑地の経済価値評価に当たって，これら緑地内の特性を如何に定量化すべきかは今後の課題と言えよう。

　以上の検討の結果，①総便益の中で環境保全等間接利用価値の占める割合が約7割強を占めていること，②費用便益比がいずれの地区も1.0を上回っており，地区全体では2.53となっていること，③間接利用価値のうちでも緩衝緑地の事業目的である産業公害の防止・生活環境保全に資する価値として，大気の浄化，騒音振動の緩和，火災延焼の防止等「環境改善(a)」の便益比についてみると，全地区で1.61となっており，投資に見合う事業効果を発現していることが明らかとなった。

　緑地の持つ環境保全効果についての経済価値を定量的に評価・分析する方法については，本章において使用した効用関数を用いた方法により，今後環境保全を目的とする緑地の経済価値についての定量的解析・評価への応用が可能であることが示唆されたと言えよう。国民の環境保全への意識が高まる中，緑地の持つ環境保全効果の経済価値を定量的に評価し，低炭素で集中豪雨等の都市災害のリスクの緩和に有用なグリーンインフラとしてのストック効果を国民にわかりやすく可視化して説明できる科学的知見の集積が必要と考えられる。

補　注

1)　「トラベルコスト法」は，レクリエーションに参加するために費やした旅行費用に基づいて，レクリエーションや環境の価値を評価する手法である[10]。
2)　「代替法」は，環境が提供するサービスと同等のサービスを人為的に提供するために必要となる費用で環境の価値を評価するものである[11]。
3)　「コンジョイント分析」は複数の環境対策の代替案を回答者に提示し，その

代替案の好ましさを人々にたずねることで，環境の価値を金銭単位で評価する方法で，環境対策の価値を，その環境対策を構成する様々な環境属性に分解することが可能となるため，様々な環境負荷の金銭換算が可能となるとされている[12]。

4) 「仮想的市場評価法（以下 CVM；Contingent Valuation Method）」とは，アンケート調査を用いて人々に支払意思額（WTP）等を尋ねることで，市場で取り引きされていない財（効果）の価値を計測する手法である[4]。

5) 姫路地区共同福利施設事業は環境事業団による建設譲渡事業の名称であり，現在は姫路市により「浜手緑地」として管理されている。

引用文献

1) 国土交通省都市・地域整備局公園緑地課(1999)『大規模公園費用対効果分析手法マニュアル』，日本公園緑地協会，42pp.

2) 国土交通省都市・地域整備局公園緑地課(2004)『改訂大規模公園費用対効果分析手法マニュアル』，日本公園緑地局公園緑地課，56pp.

3) 建設省都市局公園緑地課(2000)『小規模公園費用対効果分析手法マニュアル』，日本公園緑地協会，33pp.

4) 庄司康(1999)自然公園管理に対するCVM(仮想的市場評価法)を用いたアプローチ，ランドスケープ研究 62(5)，699-702

5) 庄司康(2001)トラベルコスト法と仮想評価法による野外レクリエーション価値の評価とその比較，ランドスケープ研究 64(5)，685-690

6) 太田晃子,蓑茂寿太郎(2001)CVMによる近隣公園の経済的価値評価の研究,ランドスケープ研究 62(5)，679-684

7) 武田ゆうこ(2004)コンジョイント分析による都市公園の経済的評価に関する研究, ランドスケープ研究 67(5)，709-712

8) 環境事業団(2002)「緑地整備事業の費用対効果分析手法に関する調査報告書」，日本公園緑地協会，139pp.

9) 建築研究所(1999)「都市における緑地の配置計画に関する調査中間報告会資料(浜手緑地利用実態アンケート調査結果)」，日本緑化センター，27pp.

10) 柘植隆宏・庄子康・栗山浩一(2011)トラベルコスト法の研究動向，環境経済・政策研究 4(2)，46-68

11) 栗山浩一・柘植隆宏・庄子康(2013)『初心者のための環境評価入門』，勁草書房

12) 栗山浩一(2011)コンジョイント分析による環境負荷の金銭評価, Journal of Life Cycle Assessment 7 (3)，222-227

参考文献

1. 環境再生保全機構(2004)緩衝緑地整備事業の費用対効果分析手法開発調査について，公園緑地 65，49-54
2. 環境事業団(2001)「緑地整備事業の費用対効果分析手法に関する調査報告書」，日本公園緑地協会，59pp.
3. 田中伸治(2002)コンジョイント分析を用いた社会資本整備の経済的評価に関する研究，土木計画学研究・講演集，481-484
4. 大野英治(2000)『環境経済評価の実務』，頸草書房，182pp.
5. 栗山浩一(1997)『公共事業と環境の価値』，築地書館，171pp.
6. 竹内憲司(1999)『環境評価の政策利用』，頸草書房，152pp.
7. 田中廣滋編(2003)『費用便益の経済学的分析』，中央大学出版部，341pp.

第3章　緩衝緑地内における樹林構造の変容 ―姫路地区共同福利施設建設譲渡事業を事例として―

　高度経済成長期に顕在化した産業公害の防止を目的として，1960年代の後半以降わが国の臨海部の主要な工業地域において，住宅市街地と工場地帯との間を土地利用上明確に分離する緩衝緑地が整備されてきた。この緩衝緑地の大半は事業団による共同福利施設建設譲渡事業によって整備され，当該事業により1,000ha余の緑地のストックが形成された。事業団による緩衝緑地の整備においては，短期間に大規模な緑地の造成を行うため，施工時において「パターン植栽」という独自の手法を用いて高密度な植栽が施された。しかしながら，産業構造の変化，発生源対策の徹底等の社会環境の変化により事業の見直しが行われ，特殊法人等改革における「特殊法人等整理合理化計画[1]」を踏まえて，2002(平成14)年以降に新規の事業は採択されず，当該事業は継続中の事業を除いて廃止されることとなった。このような社会背景の下で，都市のグリーンインフラとして緩衝緑地が果たす役割を再評価し，今後とも緩衝緑地を都市の環境保全や市民の身近な自然とのふれあいの場等として有効に保全と活用を図ることが望ましいと考えられる。共同福利施設建設譲渡事業は「建設譲渡事業」という用語が指し示すとおり，事業団[補注1]によって緩衝緑地が整備された後，地方公共団体に譲渡され，都市公園として管理が行われてきた。初期に整備された緩衝緑地では，施工されてから既に30年以上の年月が経過しているが，緩衝緑地の時間経過に伴う樹林構造の変容についてモニタリングした資料はほとんど残されていない。

　そこで，本章では，緩衝緑地の早期・大規模な樹林形成を図るために適用された「パターン植栽」の手法に着目し，設計時に構想された「多種多層林」が意図通り形成されているかについて，兵庫県姫路市の緩衝緑地を対象として，樹林の施工後約30年の時間経過に伴う樹林構造の変容の実態を調査し，緩衝緑地整備におけるパターン植栽により植栽された樹木の

生長動態について検証した。

1. 調査の方法

1.1　調査地の概要

　調査対象地の中島地区は，1973（昭和 48）年度から 1978（昭和 53）年度にかけて事業団の共同福利施設建設譲渡事業によって整備された緩衝緑地内にあり，地区内は「パターン植栽」の方法によって整備された樹林帯の他に，野球場 2 面の運動施設や園路・休憩広場等が整備されている[2]。緑地完成後は，事業団から姫路市に譲渡され，同市が都市公園として管理してきた。当該緑地は主に野球などの地域のスポーツ大会等の場として利用される他，近隣住民の散策等の場として日常的な利用に供している。樹林は緑地完成後約 30 年以上が経過しており，姫路市では樹林管理として枯死木の除去と 2000（平成 12）年度に主として緑地内の安全管理面から枝下 2m 以下の枝を除却した以外は，林内の間伐や下草刈り等の管理は特に行われていない。**図 4.3.1** に今回の調査対象とした中島地区の位置を示す[補注2]。

1.2　樹木調査の実施

　現況の樹林構造について，以下の方法で検討を行った。

1)　既存文献[3]から，「パターン植栽」の設計の考え方を整理し，設計図面より代表的なパターン植栽の事例として 5 種類を選定して，設計時の樹種，樹高，数量を整理した。

2)　設計図面より選定した 5 種類の植栽パターンに対し，現地にて 10m×10m の方形区を各パターンにつき 3 区画の計 15 区画を設置し，0.5m 以上の立木に対し階層（高木・亜高木・低木）別に樹種名，胸高直径，樹高を記録する「毎木調査」を行った。ラウンケアの生活型区分を参考に[4]，樹高 8m 以上を高木，3 ～ 8m を亜高木，3m 未満を低木として分類した。現地での樹木調査の期間は，2004（平成 16）年 8 月 21 日から 24 日までの 4 日間である。

3)　樹木調査の結果から，階層別の樹林構造について，施工時の植栽密度

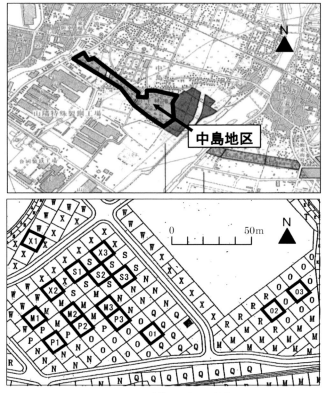

図 4.3.1　調査地と調査区の位置

の相違による樹林構造に相違が見られるか，また設計当初に想定され
ていた樹林の階層構造が形成されているか，について検証した。

2. パターン植栽の概要

2.1　パターン植栽の基本的考え方

　共同福利施設譲渡事業によって整備された緩衝緑地に適用された「パ
ターン植栽」は，環境事業団[5]によれば，10m × 10m を基本モデュール（原
単位）として，上木（樹高 3m 以上），中木（樹高 1m を超え 3m 未満），下
木（樹高 1m 以下）に区分した樹種を複合的に組み合わせ，この複数のモ

デュール・パターンをモザイク状に連続させることにより，大規模な緑地を早期に形成させるための植栽方法である。事業団[6]によるパターン植栽の樹木構成をまとめたものが，**表4.3.1**である。「上木」は将来とも高木を形成する樹木であるが，「中木」には将来高木と中木を形成する樹木を含み，「下木」には，高木を形成する苗木を主体に，中木・低木を構成する樹木で構成されている。同資料では，「高木」，「中木」，「低木」についての明確な定義づけはなされていないが，将来の緩衝緑地の樹林を構成する樹木の林分階層を意図したものと解することができる。そこで，本章では「高木」を高木層，「中木」を亜高木層，「低木」を低木層と解釈した。

表4.3.1より，将来の樹林を構成する高木層，亜高木層，低木層の構成割合は，1モジュールあたりそれぞれ54%，30%，16%となる。事業団によれば，「多種多層林形成の技術」として，「緑地が有する機能の効果的発現により，植栽基盤の造成，様々な種類・規格を有する樹木を選定し，多種多層の環境保全緑地を形成[5]」すると記述されていることから，将来的には**図4.3.2**に示すとおり，高木層(上木)，亜高木層(中木)，低木層(下木)の階層構造によって構成される樹林形成を目指したことが理解できる。

公害が社会問題化していたこの当時においては緩衝緑地の整備を担っていた事業団の共同福利建設譲渡事業についても，臨海部の工業地帯等において大規模な緑地を造成していく手法は確立されておらず，試行錯誤を重ねている段階にあったと言える[3]。

吉田[7]によると，「混植林にし，樹種によって害に弱い季節と種類が異なることを利用し，一部に害が出ても他の樹木を保護し，生育していく」ことができるように留意したことを指摘している。したがって，初期の緩衝緑地の設計では，海浜部の植生調査に基づく海岸部の樹林帯を参考として，樹木の規格も苗木や幼木を高密に植栽し，過酷な海浜部における潮風害や病虫害等から樹木を保護しつつ，特定樹種に特化させることなく，ある樹種が被害により枯死しても別の樹種が生育することにより，将来的に樹林が形成され，公害対策に対応できるよう多種多層林が構想されたと考えられる。

植栽後の多層な樹林形成の方法は，自然の樹種間競争に委ねられ，人為

表 4.3.1　パターン植栽の構成[補注2)]

区分	植栽本数	平均植栽本数	将来樹木構成		将来樹木本数	
上木	3 〜 7 本	5 本	高木	100%	高木	5.0 本
中木	11 〜 21 本	16 本	高木	50%	高木	8.0 本
			中木	50%	中木	8.0 本
下木	21 〜 48 本	35 本	高木	50%	高木	17.5 本
			中木	25%	中木	8.8 本
			低木	25%	低木	8.8 本
計	35 〜 76 本	56 本	高木	54%	高木	30.5 本
			中木	30%	中木	16.7 本
			低木	16%	低木	8.8 本

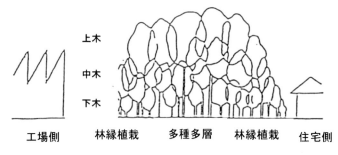

図 4.3.2　多種多層林形成の概念図[12)]

的に介在して植生管理を行う考え方は明確に示されないまま，事業団から
は「メンテナンスフリー」を前提として整備された緑地は完成後に地方公
共団体に譲渡され，地方公共団体による都市公園としての管理に委ねられ
た。公害対策としての緊急性を必要とされた当時においては，先ずは工場
地帯と住宅地との緩衝帯となる緑地の早期整備が急がれ，将来的に樹林を
育成管理していくための具体的な手だてについての検討はほとんどなされ
ることなく，時間の推移に委ねられた。

　自然の海岸林と緑化樹木を主体として人工的に植栽された樹林とは，そ
の遷移や樹林形成メカニズムが同一とは考えられないのであるが，当時は，
樹林管理に対する手法は確立されておらず，自然林と同様自然の遷移に委

ねることにより，多種多層の樹林帯が形成されると考えられていた。したがって，整備された緩衝緑地について事業団による植栽後のモニタリングもほとんど行われてはおらず，このことは事業団では専ら造成（整備）を担い，管理は地方公共団体に委ねられる「建設譲渡方式」の制度上からくる限界性を有していたとも考えられる。

2.2　中島地区のパターン植栽と調査区の設定

　姫路市の緩衝緑地において第2期に施工された中島地区のパターン植栽についてみると，全体では24のパターンに区分され，**図4.3.1**下段に示すとおり，各パターンがモザイク状に組み合わされ，樹林帯が構成されている。主として臨海側では，1モデュール（100㎡）当たり47本を植栽するパターン（以下「グループⅠ」とする。）によって構成され，また市街地側では，1モデュール当たり30本のパターン（以下「グループⅡ」とする。）が適用されていた。調査対象として植栽されたパターンのうち植栽された位置が地区内の比較的近傍にあり，土壌，地勢，日照等がほぼ同一の条件下にあると考えられた植栽パターンを対象に，グループⅠからM・O・Pの3パターンを選定し，グループⅡからS・Xの2パターンを選定した。園路沿いと調査区相互の隣接を避けて，各パターン毎に3箇所の調査区を設定した。

　いずれの調査区も，1977（昭和52）年から1978年にかけて植栽されている。**表4.3.2**は，設計図面より選定した植栽パターンに適用された上木・中木・下木を構成する樹種をまとめたものである。これより，「グループⅠ」を構成するパターンM・O・Pについては，いずれも上木7本と中木5本で，下木は35本の構成となっており，植栽樹木の約7割が樹高1m以下の下木で構成されていた。これに対して，「グループⅡ」を構成するパターンSとXでは，上木と中木で18本，下木は12本となっており，下木の占める割合は4割にとどまっていた。

表4.3.2　設計における各パターンの樹種構成[補注3)]

区分	パターン	階層	樹種名	数量(本)
グループⅠ	M	上木	クスノキ・マテバシイ	7
		中木	クスノキ・マテバシイ	5
		下木	クスノキ・マテバシイ・マサキ・カナメモチ	35
	O	上木	コジイ・タブノキ	7
		中木	コジイ・タブノキ	5
		下木	コジイ・タブノキ(苗)・アオキ・イボタ	35
	P	上木	アラカシ・ヤマモモ	7
		中木	アラカシ・ヤマモモ・エノキ	5
		下木	アラカシ(苗)・トベラ	35
グループⅡ	S	上木	アラカシ・ナンキンハゼ	8
		中木	アラカシ	10
		下木	ネムノキ・モッコク	12
	X	上木	オオシマザクラ・トウカエデ	10
		中木	ヤブツバキ	8
		下木	ヒイラギ	12

3. 調査の結果

3.1　現況の樹林構造

　表4.3.3は，各調査区の当初の植栽本数と現存の樹木数，平均樹高，階層別現存本数内訳，階層別植被率，胸高幹直径，材積を一覧にまとめたものである。ここで，植被率とは各階層別の樹冠投影面積の調査区100㎡に占める割合を示し，植被率合計は各階層の植被率を合計した値である。

　これより，100㎡当たり47本が植栽された「グループⅠ」の「パターンM」について，現存本数は平均15本で，合計植被率の平均は70％であった。現況の樹林構造は，高木層はクスノキが主，亜高木層はマテバシイが主で，低木層は形成されていなかった。調査区の平均では，高木層に比して亜高木層の現存本数の占める割合が高くなっていた。

　「パターンO」の現存本数の平均は19本で，合計植被率の平均は130％であった。樹林構造は，高木層はコジイが主，亜高木層はタブノキが主で，

表 4.3.3　樹木・植生調査結果総括表

パターン	調査区	植栽本数	現存本数	階層別現存本数			階層別植被率				平均樹高		胸高幹直径(cm)	材積(m³)
				高木層(本)	亜高木層(本)	低木層(本)	高木層(%)	亜高木層(%)	低木層(%)	計(%)	高木層(m)	亜高木層(m)		
M	M-1	47	12	10	2	0	80	5	0	85	11.5	6	13.4	1.4
	M-2	47	18	4	13	1	10	50	1	61	8.6	6.7	10.9	0.8
	M-3	47	16	1	15	0	5	60	0	65	8.1	5.6	10.4	0.7
	平均	47	15	5	10	0	32	38	0	70	9.4	6.1	11.6	1.0
O	O-1	47	18	18	0	0	90	0	0	90	12.2	-	16.4	2.8
	O-2	47	18	11	7	0	90	60	0	150	10.7	6.7	14.6	2.3
	O-3	47	21	11	10	0	90	60	0	150	11	5.7	12.9	1.9
	平均	47	19	13	6	0	90	40	0	130	11.3	6.2	14.6	2.3
P	P-1	47	17	12	5	0	90	10	0	100	11.7	7.2	15.3	2.8
	P-2	47	19	17	2	0	90	5	0	95	11.2	4.1	14.3	2.0
	P-3	47	17	13	4	0	90	20	0	110	11.5	6.3	16.8	2.2
	平均	47	18	14	4	0	90	12	0	102	11.5	5.9	15.5	2.3
S	S-1	30	20	17	3	0	90	20	0	110	14.6	7.7	15.7	3.5
	S-2	30	19	14	5	0	90	20	0	110	10.9	8.9	11.7	1.6
	S-3	30	17	12	5	0	90	20	0	110	10.3	5.9	13.4	1.5
	平均	30	19	14	4	0	90	20	0	110	11.9	7.5	13.6	2.2
X	X-1	30	20	2	17	1	20	60	10	90	9.5	5.5	8.4	0.8
	X-2	30	20	4	16	0	50	50	0	100	9.4	6	9.8	0.8
	X-3	30	22	8	14	0	70	40	0	110	9.9	5.6	8.8	0.9
	平均	30	21	5	16	0	47	50	3	100	9.6	5.7	9	0.9

低木層は形成されていなかった。調査区の平均では，亜高木層に比して高木層の現存本数の占める割合が高くなっていた。

　「パターンP」の現存本数は18本で，合計植被率の平均は102%であった。樹林構造は，高木層はアラカシが優占，樹冠部にヤマモモが混在し，林冠部の閉塞により亜高木層が被圧され，ヤマモモ，エノキ，カナメモチが残存していた。低木層は形成されていなかった。調査区の平均では，亜高木層に比して高木層の現存本数に占める割合が高い。

　一方，100㎡当たり30本が植栽された「グループⅡ」についてみると，「パターンS」の現存本数は19本で，合計植被率の平均は110%であった。

樹林構造は，高木層はアラカシが優占し，ナンキンハゼが混在，亜高木層はアラカシ，モッコクで，高木層が発達して林冠部の閉塞により，亜高木層の植被率は低い。低木層は形成されていなかった。

　また，「パターンX」の現存本数は21本で，合計植被率の平均は100％であった。樹林構造は，高木層がオオシマザクラ，トウカエデに対して，亜高木層にはオオシマザクラ，トウカエデに加え，ヒイラギ，ヤブツバキが混在していた。低木層はX－1でヤブツバキが確認できたのみで，他の調査区では形成されていなかった。以上の結果から，「グループⅠ」と「グループⅡ」の間で，パターン植栽の植栽密度の違いによる樹木の現存本数については顕著な差異は認められず，いずれのグループにおいても100㎡当たり15～20本が残存していた。

　また，M－1，X－1以外の調査区では低木層が消失していた。これは，植栽後約30年が経過し，この間都市公園の管理として樹木の間伐等の間引きは一切行われないまま推移した結果，現在は樹冠部が閉塞することにより，低木層の生育できる受光量が確保されなくなったためと考えられる。高木層の植被率については植栽パターンによる相違が見られ，パターンO・P・Sでは高木層の植被率が90％以上を占め，亜高木層は40％以下であるのに対して，パターンM，Xでは亜高木層の植被率が38～50％を占め，高木層の植被率を上回っていた。

　毎木調査の際に，各植栽パターンについて三つの調査区を設定して，樹高・幹周を調査するとともに，各調査区毎に1カ所ずつ，樹冠投影図を作成した。**図4.3.3**に示す樹冠投影図と毎木調査の結果から，各植栽パターンの現況の樹林の構成と樹木の生育特性について，以下に記述する。

a. パターンM（調査区M－2）

　高木層はクスノキが優占しているが，クスノキの投影面積は13.07㎡と調査区の1割強を占有しているに過ぎない。亜高木層ではマテバシイの投影面積が55.29㎡と調査区内の過半を占め，クスノキよりも優占度は高くなっていた。また，マテバシイの中でも一部の樹木の樹冠の占有が大きく，他の樹木の生長を抑制している状態と推察された。これらのことから，ク

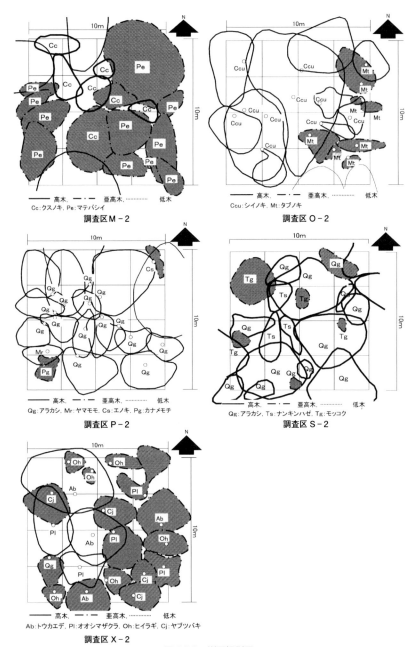

図 4.3.3　樹冠投影図

スノキが高木層として十分な林冠部を構成できず，亜高木層ではマテバシイが林内で次第に優占度を強めている状態にあると考えられる。

b. パターンO（調査区O−2）

　高木層にはコジイ，亜高木層にはタブノキが生育している。高木層のコジイの投影面積は93.8㎡と調査区を占有しており，タブノキの投影面積は2.5㎡であった。コジイの中でも，2本の樹冠の占有が突出しており，投影面積61.93㎡を占め，コジイ全体の約2/3を占めていた。これらのことから，高木層のコジイが優占し，亜高木層にあるタブノキが被圧されて後退しつつあり，同じコジイの中においても種内競争の結果，特定の樹木が林冠部を占有しつつ，林冠部が閉塞の状態を呈していると考えられる。

c. パターンP（調査区P−2）

　高木層には樹高8.3〜14.0mのアラカシが優占している。高木層でのアラカシの投影面積は80.2㎡，ヤマモモは13.6㎡であった。亜高木層はエノキとカナメモチの2本が残っていたが，合計で3.4㎡であり，生育も良好とは言えない。林冠部を形成するアラカシの優占度が高く，樹種間の競争により，亜高木層にあるエノキとカナメモチは被圧されて後退状況にあると考えられる。

d. パターンS（調査区S−2）

　高木層には，樹高8.5〜12.8mのアラカシ，樹高10.0〜13.0mのナンキンハゼが生育しているが，高木層でのアラカシの投影面積は69.7㎡，ナンキンハゼは8.7㎡であり，アラカシが林冠部をほぼ占有している状態であった。亜高木層にはアラカシとモッコクが生育し，アラカシが3.9㎡，モッコクが13.1㎡であり，モッコクの生育状況は比較的良好であった。パターンPに比して，亜高木層の占有率が相対的に高い数値を示したのは，パターンSでは常緑広葉樹のアラカシと落葉広葉樹のナンキンハゼの混在によって林内の日照条件がパターンPよりも良好な環境であったことによるものと推察される。

e. パターンX（調査区X−2）

　高木層には樹高9.4〜9.8mのトウカエデ，樹高8.2〜10.0mのオオシマザクラで構成され，樹冠投影面積はトウカエデが31.32㎡，オオシマザ

クラが15.91㎡であり，トウカエデが優占しているものの，林冠部は閉塞
しておらず，高木層の樹高も10m未満の樹木が多く，植栽後約30年の経
過を勘案すると高木層の生育状況は良好とは言えない。亜高木層にはオオ
シマザクラ14.63㎡，トウカエデ12.77㎡，ヒイラギ10.36㎡，ヤブツバキ
17.86㎡が混在していた。残存樹種が他のパターンよりも多く，高木層に
対して亜高木層の樹冠投影面積が大きくなっているのは，高木層の発達が
十分発達していないことによるが，落葉樹が主体に構成された樹林である
ことから，日照条件が他のパターンよりも良好であり，枯死木も少ないこ
とから，樹木相互に生長を抑制した結果と考えられる。

3.2　胸高直径と樹高の関係

　計測した樹木の樹高(H)と胸高直径(D)との関係から，アスペクト比(H/
D)を算出して，現況の樹林を構成する樹木についての痩せ具合を評価し
た。アスペクト比は，樹木の形態及び物質生産された伸長生長と肥大生長
の分配比を測る指標とされ，この値が大きいほど樹木は相対的に細長く，
値が小さいほどずんぐりとした形状を示す[8]。目黒[9]は，東京電力の発電
所敷地内における環境保全林内のタブノキとコジイを調査した結果，樹木
の生長が安定してくるとアスペクト比は，100前後を示すとし，その後は
樹木の壮年期から老年期には伸長生長が弱まり，肥大生長が継続すること
から，アスペクト比も減少していくとしている。また，マテック[10]による
と，近くに競争相手のいない単木の場合では，アスペクト比が50以上に
なると風圧に対して倒壊の比率が高くなるとしている。

　本章で対象とした緩衝緑地では植栽後既に約30年が経過した状態にあ
ることから，これらの知見を踏まえると植栽した樹木は既に老齢木の生育
段階にあると考えられることから，健全な生育状態にあれば，伸長成長が
安定し，肥大成長を継続している状態にあると考えられる。樹木のやせ具
合について既往の研究で明確に定義されたものは見られないため，本章で
は目黒らの研究[8], [9]を参考に，アスペクト比が100を目安として樹木の痩
せ具合について検討し，アスペクト比が100を上回った状態にある樹木を
「痩せ木」と見なして，生育状態について検討を行った。**図4.3.4**は，各

植栽パターンを構成する現況樹木の種類毎に，胸高直径と樹高の関係をまとめたものである。

a. パターンM

　樹高が 10m 以上の高木層ではクスノキがほとんどであり，8m 未満の亜高木層ではクスノキとマテバシイが混在している。アスペクト比が 100 を大幅に上回る痩せ木はほとんどなく，平均で見ると，クスノキでは 65.7，マテバシイでは 68.6 となっており，樹種別の違いは見られなかった。

b. パターンO

　高木層を形成するコジイと亜高木層を形成するタブノキに階層分化している様子が見てとれる。樹高について見ると，コジイでは大半が 10 〜 14m に分布しているのに対して，タブノキは 5 〜 10m 以下に分布している。胸高直径についても，コジイでは大半が 15 〜 25cm の間に分布しているのに対して，タブノキでは 5 〜 15cm の間に分布している。アスペクト比でみると，コジイでは平均 65.7 に対して，タブノキでは平均 87.7 と高く，100 を上回る樹木ではタブノキが大半を占め，コジイにより林冠部の閉塞に伴い亜高木層を形成するタブノキが被圧され，痩せ木が増加しつつある状況にあると考えられる。

c. パターンP

　樹高 10m 以上の高木層では，アラカシが優占しつつ，ヤマモモが介在している。亜高木層では，逆にヤマモモが優占しつつアラカシ，エノキが介在している。胸高直径では，樹高 10m 以上の高木層では，10 〜 25cm に分布しているが，亜高木層を構成するヤマモモの胸高直径も 10 〜 20cm に分布しており，アスペクト比でみても 50 を下回っている樹木の数が多くみられることから，ヤマモモは肥大生長が持続し，安定した亜高木層を形成していると考えられる。亜高木層に位置するアラカシ，エノキのアスペクト比は，100 を上回っている樹木がみられ，特にエノキの生育状況は良好とは言えない。

d. パターンS

　高木層と亜高木層の明確な分化は見られず，樹高 8m 以上の高木層では

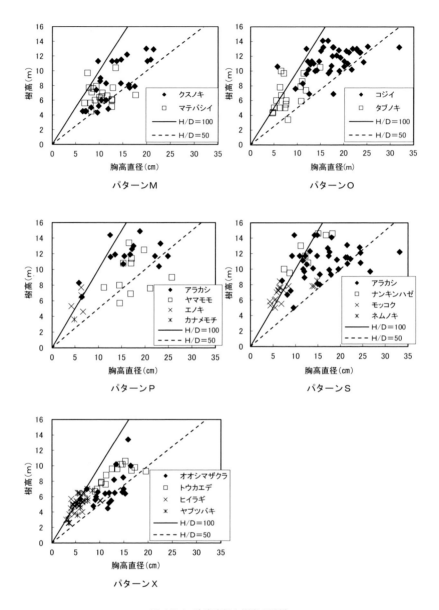

図 4.3.4　胸高直径と樹高の関係

アラカシが優占し、林冠部の一部にナンキンハゼが混在しているが、樹木数はアラカシが圧倒している。アスペクト比でみても、アラカシが71.8に対して、ナンキンハゼは平均100.4を示し、生育状態も良好ではなく、痩せ木化が進行していると考えられる。

　亜高木層では、アラカシの他に、モッコクの生育がみられるが、アスペクト比では100を上回る樹木が多く、生育状態は不良ではないことから、痩せ木化の傾向にあると考えられる。これに対して、アラカシでは高木層と亜高木層に樹高と胸高直径も一様な分布状態であり、一部はアスペクト比も50を下回る樹木がみられることから、パターンSを構成する樹林は、高木層、亜高木層ともにアラカシの生育が勝り、林冠部を占有し、林冠部が閉塞の状況を呈していた。

e. パターンX

　高木層はトウカエデとオオシマザクラで構成され、トウカエデが優占している。樹高は10m以下のものが大半を占め、高木層の平均樹高も9.8mにとどまり、他の植栽パターンの調査区と比較すると、低くなっていた。亜高木層では、オオシマザクラとヒイラギ、ヤブツバキが主体であるが、アスペクト比の分布で見るとオオシマザクラが50前後に主に分布し、平均60.3を示しているのに対して、ヒイラギ、ヤブツバキでは100前後に偏在していた。

3.3　アスペクト比と材積指数からみた樹林構造特性

　図4.3.5に示すとおり、アスペクト比(H/D)を横軸に、材積指数(D^2H)を縦軸に取り、各パターン植栽毎の樹林構造の特性を検証した。材積指数は、胸高直径の2乗に樹高を乗じることにより、樹木の総合的な物質生産量を測る指標とされている[8]。分析の対象とした樹木は、各植栽パターン毎に設定した三つの調査区のすべての樹木である。

a. パターンM

　アスペクト比50〜100、材積指数0〜0.2㎥の範囲に、全体の約6割が分布している。樹種別にみると、クスノキでは、材積指数が0.4〜0.6㎥

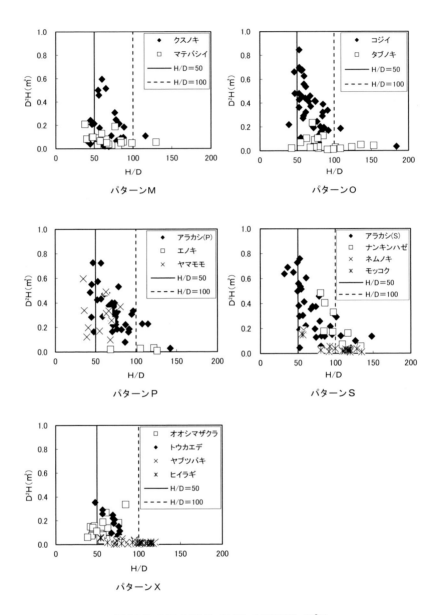

図 4.3.5　アスペクト比（H/D）と材積指数（D^{2}H）

の範囲に4本分布し，アスペクト比も50～70の範囲にあることから，これらの樹木が林冠部で優占した状態にあると考えられる。これに対して，材積指数が0.2㎡以下では，マテバシイとの間で，樹種間での競争が行われ，林冠部の鬱閉に伴い，陽樹のクスノキでは十分な日照が確保されずにマテバシイが優占していることが推察される。調査区における総材積指数は6.4㎡であった。このうち，クスノキ全体の材積指数は総計で4.7㎡であり全体の約74％を占めた。また，1本当たりの平均は0.2㎡／本であった。マテバシイ全体の材積指数は総計で1.6㎡／本，1本当たりの平均は0.08㎡であった。

b．パターンO

アスペクト比50～100，材積指数0～0.8㎡の範囲に，全体の約8割が分布している。樹種別にみると，コジイでは，材積指数が0.2～0.8㎡の範囲に全体の約72％が分布している。これに対して，タブノキでは材積指数が0.2㎡以下に分布しており，樹種別に階層分化している様子が見られる。アスペクト比が100を上回っている樹木については，材積指数も0.05㎡以下にとどまっており，痩せ木として生育も良好ではないと考えられる。植栽パターンOの調査区における総材積指数は17.7㎡であった。このうち，コジイ全体の材積指数は総計で16.7㎡であり全体の約94％を占めた。また，1本当たりの平均は0.4㎡／本であった。タブノキ全体の材積指数は総計で1.1㎡／本，1本当たりの平均は0.06㎡であった。

c．パターンP

アスペクト比50～100，材積指数0～0.8㎡の範囲に，全体の約7割が分布している。樹種別にみると，アラカシでは材積指数が0.2～0.8㎡の範囲に全体の約75％が分布している。一方，ヤマモモでは材積指数が0.2～0.6㎡の範囲に全体の約64％が分布するとともに，アスペクト比では50を下回っている樹木が全体の約36％を占めていた。ヤマモモでは伸長生長から肥大生長に移行しつつあると考えられる。これに対して，エノキは材積指数もすべて0.05㎡未満であり，アスペクト比も平均で105.5であり，100を上回る樹木数が多く見られることから，痩せ木として生育も良好ではないと考えられる。植栽パターンPの調査区における総材積指数は16.2

㎥であった。このうち，アラカシ全体の材積指数は総計で 12.8㎥であり全体の約 79%を占めた。また，1 本当たりの平均は 0.3㎥ / 本であった。ヤマモモ全体の材積指数は総計で 3.3㎥ / 本，1 本当たりの平均は 0.3㎥であった。アラカシが，総材積指数の約 79%を占めていた。1 本当たりの材積指数で見ると，アラカシとヤマモモの間には大差は見られなかった。

d. パターン S

　アスペクト比 50 ～ 100，材積指数 0.8㎥未満の範囲に，全体の約 6 割が分布している。樹種別にみると，アラカシでは，材積指数が 0.2 ～ 0.8㎥の範囲に全体の約 60%が分布し，アスペクト比も 50 以下の樹木が 6 本見られ，これらの樹木は伸長生長から肥大生長に移行しつつあると考えられる。これに対して，ナンキンハゼでは，材積指数が 0.2㎥以上が 3 本分布しているが，大半は 0.2㎥未満であり，かつアスペクト比も 100 を上回っており，生育は良好とは言えない状態と考えられる。亜高木層を形成しているモッコクも，材積指数は 0.05㎥未満であり，大半の樹木のアスペクト比も 100 を上回っていることから，痩せ木として生育は良好とは言えないと考えられる。植栽パターン S の調査区における総材積指数は 16.5㎥であった。このうち，アラカシ全体の材積指数は総計で 13.8㎥であり，全体の約 84%を占めた。1 本当たりの平均材積指数は 0.3㎥ / 本であった。また，ナンキンハゼ全体の材積指数は総計で 1.9㎥，1 本当たりの平均材積指数は 0.2㎥ / 本であった。亜高木層を形成するモッコクでは，全材積指数は 0.7㎥で，1 本当たりの平均材積指数は 0.04㎥であった。

e. パターン X

　アスペクト比 50 ～ 100，材積指数 0 ～ 0.4㎥の範囲に，全体の約 7 割が分布している。他のパターンに比べ，総材積指数は低くなっている。樹種別にみると，トウカエデでは，材積指数が 0.2㎥以上の範囲に 5 本あり，アスペクト比も 50 付近に分布しているが，アスペクト比が低いのは，樹高が低いことが要因と考えられる。一方，オオシマザクラでは，材積指数が 0.2㎥以上が同じく 3 本分布しているが，大半は 0.2㎥未満となっている。アスペクト比で 50 が 20%を占めており，分布も 50 付近に集まる傾向が見られる。アスペクト比が低く，材積指数も低いことから，肥大生長も不

十分であり，生育状態は良好とは言えない。しかしながら，枯死木の本数は少ないことから，樹木相互に生長を抑制している状態にあると考えられる。さらに，亜高木層にあるヒイラギでは，材積指数もほとんどが0.01㎥未満であり，かつアスペクト比も100を上回る樹木が10本あり，100以上に偏在する傾向が見られることから，生育は良好とは言えず，衰退傾向にあると考えられる。植栽パターンXの調査区の総材積指数は5.4㎥で他のパターンの調査区と比較して最も低い値であった。このうち，トウカエデの材積指数は合計で2.4㎥であり，1本当たりの平均材積指数は0.2㎥／本であった。オオシマザクラ全体の材積指数は合計で2.3㎥，1本当たりの平均材積指数は0.1㎥／本であり，総材積指数では両者の間にほとんど差は見られないが，1本当たりの平均材積指数で見ると，トウカエデの方がオオシマザクラを大きく上回っていた。

まとめ

　姫路市の緩衝緑地を事例として，植栽後約30年が経過した中島地区において適用された「パターン植栽」のうち5パターンを抽出して，毎木調査の結果を基に，樹林内の林分構成と樹木の生長動態について，樹冠投影図・アスペクト比・材積指数を基に検討を行った。

　第一に，樹冠投影図より樹林の階層構造と林冠部の閉塞状況について検討した。パターンOではコジイによって，またパターンPとSではアラカシによって，林冠部は閉塞した状態であった。これに対して，クスノキが優占するパターンMでは，高木層のみでは閉塞せず，亜高木層のマテバシイが林冠部を共有することで，林冠部全体が閉塞した状態を形成していた。これより，同じ常緑広葉樹でも，コジイ・アラカシの優占度が高く，生育が比較的良好であったのに対して，クスノキの優占度は十分ではなく，生育も良好とは言えず，生育環境として適応していないことが示唆された。これに対して，コジイ・アラカシは当該地域の代表的な潜在自然植生構成種[11]であり，当該地域での生育により樹林の形成に適応した樹種であると考えられる。また，パターンOの亜高木層を形成するタブノキのアスペク

ト比は 100 を上回る比率が高く，材積指数も大半が 0.1㎥以下であり，生育状態は良好とは言えず，衰退傾向にあると考えられる。これは，調査地は埋め立てによって造成された平坦な地形であり，かつ林冠部の閉塞等より低木層も消失していることから，基盤となる土壌表層は本来タブノキの自生地に見られる斜面凹地と比較して乾燥傾向にあると考えられ，コジイの優占度が高まるにつれて，被圧されて衰退傾向を強めていることが要因と考えられる。

これに対して，パターンXでは高木層を落葉広葉樹であるトウカエデとオオシマザクラで構成され，亜高木層に残存する樹木の本数と種数は他の調査区よりも多くなっていた。これは，高木層の発達が十分でなく，林冠部の閉塞が不十分なこと，落葉広葉樹を主体として構成されたことから，林内の日照条件が他の常緑広葉樹を主体として構成された樹林よりも相対的に良好であったことが要因と考えられる。

第二に，アスペクト比(H/D)を用いて，樹木の痩せ具合について検討を行った。本章においては，アスペクト比が 100 を指標として，100 以上への樹木の分布状況から樹木の痩せ具合を評価した。伸長生長が盛んな若齢木では，肥大生長よりも伸長生長が上回り，アスペクト比も高くなる傾向が見られるのに対して，壮齢木から老齢木になるにつれて伸長生長がなくなり肥大生長が持続することによって，アスペクト比は次第に低減していく傾向にある[9]。調査区の植栽木は，植栽時では樹高が 1 ～ 3m 前後の幼木が主体であったが，植栽後約 30 年が経過していることから，現在は壮齢木から老齢木へと移行する時期にあると考えられる。

調査の結果，各パターンとも調査区内樹木の 70 ～ 80％がアスペクト比 50 ～ 100 の範囲に収まっていることはこのことを裏付けていると考えられる。この結果，高木層ではパターンOのコジイ，パターンP・Sのアラカシでは，アスペクト比 50 未満の樹木も見られ，林冠部を占有することにより，現在は伸長生長から肥大生長へと移行している状況にあることが示唆された。これに対して，パターンSのナンキンハゼでは，アスペクト比も 100 を上回った樹木への分布が見られ，アラカシとの種間競争の結果，被圧され，痩せ木化が進んでいると考えられる。

亜高木層では，パターンMのマテバシイ，パターンPのヤマモモでは，アスペクト比も50以下の樹木の分布状況から，伸長生長が抑制され肥大生長が継続していると考えられ，今後も亜高木層として持続していく可能性が高いと考えられる。これに対して，パターンOのタブノキ，パターンPのエノキ，パターンSのモッコクとネムノキ，パターンXのヒイラギは，いずれもアスペクト比100を上回る樹木の分布状況を示し，今後放置された場合は，肥大生長を期待することはできず，樹林内の高木層の優占による林冠部の閉塞により衰退していくものと推察される。

表4.3.4は，調査結果より高木層と亜高木層を形成する樹木について，1本当たりのアスペクト比と材積指数の平均をまとめたものである。これより，ナンキンハゼ，モッコク，エノキの平均アスペクト比は100を上回っており，ヒイラギも100に近い数値を示しており，一方，林冠部を占有しつつあるコジイ，アラカシの平均アスペクト比が60～70台を示していること，また各樹木のアスペクト比の分布の状況を踏まえると，樹木の痩せ木としての評価指標としてアスペクト比100により評価することは概ね妥当と判断される。

表4.3.4　樹木別アスペクト比と材積指数の比較

区分	樹種名(学名)	平均アスペクト比 (H/D)	材積指数 (D^2H) (cm³/本)
高木層	コジイ (*Castanopsis cuspidate*)	65.7	387,484
	アラカシ (S) (*Quercus glauca*)	71.8	345,310
	アラカシ (P) (*Quercus glauca*)	74.5	311,890
	ナンキンハゼ (*Triadica sebifera*)	100.4	232,441
	クスノキ (*Cinnamomum camphora*)	65.7	175,623
	トウカエデ (*Acer buergerianum*)	71.3	160,893
	オオシマザクラ (*Prunus lannesiana var. speciosa*)	60.3	116,092
亜高木層	ヤマモモ (*Myrica rubra*)	56.3	297,614
	マテバシイ (*Pasania edulis*)	68.6	79,693
	タブノキ (*Machilus thunbergii*)	87.7	56,183
	モッコク (*Ternstroemia gymnanthera*)	104.1	42,370
	エノキ (*Celtis sinensis japonica*)	105.5	21,935
	ヤブツバキ (*Camellia japonica*)	87.8	18,787
	ヒイラギ (*Osmanthus heterophyllus*)	96.8	17,441

(注)　(S)：パターンS，(P)：パターンP

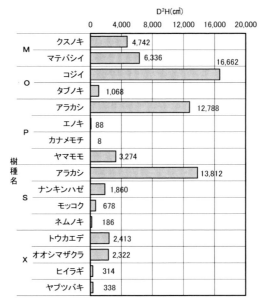

図 4.3.6　各パターン別の材積指数の構成

　第三に，樹木の生長度合いについて，材積指数(D^2H)により比較・検討した。図 4.3.6 は，各パターンにおける樹木毎の材積指数の構成を示したものである。総材積指数の最も高かったのは，パターンOの調査区であり，1 ユニット（100㎡）当たり 17.7㎥を示し，このうち約 9 割をコジイが占めた。次いでパターンSが 16.5㎥，パターンPが同じく 16.2㎥の順で，パターンPとSでは，約 8 割をアラカシが占有していた。これに対して，パターンMでは，総材積指数が 11.1㎥，パターンXでは 5.4㎥となっており，パターンOに対してパターンMでは約 6 割，パターンXでは約 3 割程度にとどまり，生長量に大きな差異が見られた。

　表 4.3.4 より，1 本当たりの材積指数の最も大きい樹種は，パターンOのコジイで 387,484 ㎤/本であり，次いでパターンSのアラカシで 345,310 ㎤/本，パターンPのアラカシで 311,890 ㎤/本，パターンSのナンキンハゼで 232,441㎤/本の順であった。パターンPとSとの間で，アラカシの材積指数に差が生じた主な理由として，パターンSでは，落葉広葉樹のナン

キンハゼとの樹林構成によりパターンPよりも日照条件が相対的には良好であったこと，パターンPでは，亜高木層を形成するヤマモモが肥大生長を続け，生育状態が比較的良好である分，アラカシの生長を抑制したことが推察される。これに対して，同じ常緑広葉樹の高木層でもクスノキの平均材積指数は175,623㎠/本であり，コジイ，アラカシの約1/2にとどまった。これは，パターンMでは，クスノキが林冠部を優占しているものの，植栽後約30年が経過しても林冠は閉塞しきれておらず，クスノキの半数以上が亜高木層にとどまりマテバシイと拮抗した状態にあり，陽樹的性格の強いクスノキの生育に十分な日照条件が確保されていないことが要因と考えられる。

　パターンXでは，高木層を形成するトウカエデの材積指数は160,893㎠/本であり，クスノキとほぼ同じ生長量を示した。同じ樹林内で亜高木層から高木層を形成したオオシマザクラでは116,092㎠/本となっていた。このパターンでは他のパターンと異なり，落葉広葉樹を主に樹木が植栽された結果，日照条件が他のパターンよりも良好に維持され，枯死木が相対的に少ない分，相互の生長量を抑制したと考えられる。樹高も10m以下が主で，伸長生長は十分でなく，胸高直径も高木層の大半が15cm以下であることから肥大生長も十分でないことから，材積指数が低くなったものと推察される。

　一方，亜高木層を形成している樹木についてはパターンPのヤマモモが297,614㎠/本で突出しており，高木層にあるクスノキとトウカエデよりも高い数値を示した。**表4.3.4**よりヤマモモのアスペクト比は56.3を示し，伸長生長よりも肥大生長が優先する傾向がみられ，亜高木層にあっても材積指数も大きくなり，現状では安定した生長を続けていると判断できる。これに対して，パターンMのマテバシイでは，材積指数79,693㎠/本にとどまり，またパターンOのタブノキは56,183㎠/本であり，いずれの樹種も材積指数から生育状態は良好とは言えないことが裏付けられた。

　今回の調査結果から，植栽後約30年が経過した樹林の生育特性を検討した結果，この地域の潜在自然植生を構成するコジイとアラカシが高木層として林冠部を覆い，生長量も大きい傾向が見られ，亜高木層ではヤマモ

モの生長量が突出していた。塩田ら[12]によると人工林と近郊の二次林で群落構造と実生調査を行った結果, 人工林の林床は二次林の林床に比べて極端に種多様性が低いが, ギャップ形成を伴う植生管理によって, 実生の密度は 16.0 〜 62.7 個体/㎡, 種数も 4.5 〜 17.8 種/㎡となり, 種の多様性が向上したことを検証している。また, 長尾ら[13]によると間伐が環境保全林の構造に及ぼす影響をみるため, 川崎市の埋立地に造成された約 8ha の環境保全林で, 本数間伐率 40％の間伐区と無間伐区で成長の変化, 植物相等を調査した結果, 無間伐区では伸長成長が, 間伐区では肥大成長が大きく, 間伐区では伐採した樹木の萌芽枝の発生で, 階層構造が多層化していたことを報告している。小平ら[14]が東京湾浚渫埋立地において試験林を造成し, 18 年後にその成否を植栽木の優占程度と組成から検討した結果では, 潜在自然植生がタブ－イノデ群集の立地では, 目標植生タブ林は成立後も持続傾向を示したのに対して, 潜在自然植生種でないトベラ, マサキの植栽林では成立後に衰退傾向にあることを報告している。したがって, 当該調査地の緩衝緑地の樹林構造として現在の管理状態がこのまま継続した場合には, 今後はアラカシ, コジイが優占する樹林へと移行していくものと考えられる。

補 注

1) 公害防止事業団は, 1994 年に環境事業団に改組され, 2004 年 4 月には独立行政法人環境再生保全機構に再編されている。
2) 公害防止事業団[3]より作成した。
3) 建築研究所[15]より作成した。

引用文献

1) 閣議決定(2001)特殊法人等整理合理化計画
   http://www.gyoukaku.go.jp/jimukyoku/tokusyu/gourika/
2) 姫路市(1981)市政概要, 142-145
3) 公害防止事業団(1969)「姫路地区共同福利施設緩衝緑地基本設計報告書」
4) 沼田真(1969)『図説植物生態学』, 朝倉書店, 286pp.
5) 環境事業団(2001)環境事業団の緑地整備技術, 58pp.

6) 環境事業団(2000)環境事業団積算基準書，142pp.

7) 吉田輝彦(1983)共同利用施設(緩衝緑地)について，ベース設計資料 No.14
公園・体育施設編，建設工業調査会，53-58

8) 目黒伸一(2003)環境保全林における林分生長特性，春夏秋冬 29，1-8

9) 目黒伸一(2000)環境保全林における生育環境と樹木の生育挙動，生態環境
研究 7(1)，73-80

10) クラウス・マテック(2004)『樹木の力学 Tree Mechanics』，有限会社青空計
画研究所，131pp.

11) 宮脇昭編(1984)『日本植生誌—近畿—』，至文堂，クスノキ 396pp.

12) 塩田麻衣子・中村彰宏・松江那津子(2004)植生管理を行った都市内の人工
照葉樹林と都市近郊二次林における木本実生の種多様性，日本緑化工学会
誌 30(1)，116-120

13) 長尾忠康，原田洋(1998)間伐が環境保全林の構造に及ぼす影響，日林論
109，255-257

14) 小平哲夫(1995)渫埋立地の環境保全林における目標植生の成立，日本林学
会誌 77(1)，20-27

15) 建設省建築研究所(1999)都市における緑地の配置計画に関する調査，55pp.

第4章　特殊法人等改革と緑地整備事業の廃止

　1997(平成9)年11月に資金運用審議会懇談会がとりまとめた「財政投融資の抜本的改革について[1]」，1998(平成10)年6月に制定された「中央省庁等改革基本法」第20条[補注1]等を踏まえ，1999(平成11)年12月に財務省理財局より「財政投融資制度の抜本的改革案(骨子)[2]」がとりまとめられ，財政投融資制度改革(以下「財投改革」という。)の今後の方向性について，財政当局である財務省の基本的姿勢が明らかにされた。

　この改革案に則って，2000(平成12)年5月には「資金運用部資金法等の一部を改正する法律[3]」が制定され，戦後，わが国の住宅・社会資本の整備を支えてきた財政投融資のしくみが大きく転換することとなり，郵便貯金や年金積立金の資金運用部への預託義務が廃止され，全額自主運用が図られることとなった。

　「財投改革」の主旨は，制度の根幹を成す郵便貯金・年金積立金の資金運用部への預託を廃止して，特殊法人等の行う施策に真に必要な資金を市場から調達する仕組みへと抜本的な転換を図ることにより，財政投融資制度の市場原理との調和を図るとともに，特殊法人[補注2]等の改革・効率化を促進することにあった。本章では，財投改革並びにこの改革と一体的に進められた特殊法人等改革により，前身の公害防止事業団以来，生活環境の保全・改善のために環境事業団が実施してきた緩衝緑地等の緑地整備事業がどのように変革を求められ，廃止に至ったかについて，行財政改革の経過を踏まえて，以下に検証する。

1. 財政投融資制度改革の経緯と緑地整備事業

　財政投融資制度は，戦後のわが国の住宅・社会資本整備やストックの増大等を通じて経済発展を支えてきたが，市場経済が格段に発展してきた今日においても，その仕組みが変わっていないこと等により，多くの問題を有しているとして，上記懇談会のとりまとめ[1]においては以下の問題点が

指摘された。

①資金調達面からみた問題点

　ア．資金の受動性からくる問題点

　　・財政投融資の規模の肥大化

　　・短期運用の増大に伴う運用リスクの増大，公的資金による民間金
　　　融市場の歪曲化

　イ．金利設定の問題点

　　・預託金利，貸付金利の水準が市場と連動した水準となっておらず，
　　　変更も政令改正が必要なため，機動性を欠いている。

②資金運用面からみた問題点

　ア．財政規律面の問題点

　　・政策コストの十分な分析がないまま，融資が行われた結果，後年
　　　度に多大の財政負担の増大を招いた例があること。

　　・景気対策等のために特殊法人等に対して安易な貸付が増大し，財
　　　政投融資の肥大化を招来したとの意見があること。

　イ．長期・固定金利に伴う問題点

　　・貸付金利について，貸出期間にかかわらず一律の金利となっており，
　　　借入側にとっては，借入期間を長期に設定するインセンティブが
　　　働きやすいこと。

　　・貸付金利と預託金利が同一であるという財政投融資制度の性格か
　　　ら，繰上げ償還等借り手の負担軽減のためのコスト転嫁を受け入
　　　れる余地のないこと。

　これらの問題点に対処するに当たり，「入口」部分に当たる郵便貯金や
年金積立金の全額が，資金運用部に預託されるという従来の財政投融資の
システムを転換して自主運用とし，特殊法人等が政策遂行上において，真
に必要となる資金を，市場から調達するしくみに変えることが財政投融資
制度改革として必要とされた。いわゆる郵便貯金等を原資とする財政投融
資の「出口」部分に当たる改革の必要性が資金運用審議会や行政改革会議
等から指摘されたのであった。

〈財政投融資制度改革の要点〉

　上記改革案の骨子において，まとめられた制度改革の要点は，以下のとおりである。

1)　資金調達

①郵便貯金・年金積立金の預託の廃止（自主運用）

　郵便貯金・年金積立金について，資金運用部に対する預託義務を廃止するとともに，簡保積立金について財投機関等への融資を廃止し，2001（平成13）年4月以降は，金融市場を通じ自主運用を行う。

②財投機関債

　特殊法人等については，財投機関債の公募発行により市場の評価にさらされることを通じ，運営効率化へのインセンティブが高まることから，各機関は財投機関債の発行に向けた最大限の努力を行う。

③政府保証債

　直ちに政府保証なしで財投機関債を発行することが困難な機関等について個別に厳格な審査を経た上で限定的に政府保証債の発行を認める。

④財投債

　上記②，③のいずれによっても資金調達が困難であったり，不利な条件を強いられる機関，事業等について，国の信用で一括して財投債によって調達した資金の貸し付けを受ける方式を認める。

⑤財投債の財政規律の確保等

　財投債は，財政規律を確保するため，新しい特別会計において発行し，発行限度額について国会の議決を受ける。発行・流通の仕組みについては，現行の国債と一体のものとして取り扱う。

2)　財政投融資の対象分野・事業の見直し

　民業補完の趣旨を徹底し，償還確実性を精査する等不断の見直しを行い，投融資の肥大化を抑制する。

3)　市場原理との調和の推進

　貸付金利については，貸付期間に応じ，国債の市場金利を基準として設定する。また，10年ごとの金利見直し制も選択可能とする。資産・負債管理（ALM）の充実を図る。

4) 国会の議決等

　財政投融資は，財政政策の一環として，改革後も国会の議決を受ける。

5) 経過措置

　郵便貯金及び年金積立金の預託の廃止に当たっては，市場に与える影響に十分配慮し，激変緩和のための適切な経過措置を講ずる。

6) 政策コスト分析の充実等

　財政健全性の確保，財政投融資の対象分野・事業の見直しに資するため，財政投融資対象事業の政策コストを定量的に把握し，公表する。政策コスト分析を通じ，特殊法人等の業務・財務の改善，財政規律の向上を図る。

7) ディスクロージャーの推進

　各特殊法人等，財政投融資全体のディスクロージャーの拡充を図る。

8) 「資金運用部」の廃止

　「資金運用部」を廃止し，新しい財政投融資制度にふさわしい仕組みを構築する。

9) 実施時期

　中央省庁等改革基本法等に基づき，2001(平成13)年4月より実施する。

　この骨子における財投改革のポイントは，特殊法人等は事業を行うための必要な資金については自ら財投機関債を発行して自己調達するよう最大限の努力を行うこととされ，組織と業務の必要性を市場の評価に委ねる方向で改革を行い，市場原理に則った資金調達を特殊法人等に課すことにより，業務の抜本的な見直しを進めていくことにあった。なお，財投機関債による資金調達では，必要資金を確保することが困難な機関については，①その業務が民業補完のために実際必要なものか，②将来の国民負担を推計した政策コストの分析，③償還確実性，等を精査し，業務についてゼロベースからの徹底した見直しを行った上で，財投債によって調達した資金について国会の議決を経た上で，各機関への貸し付けが認められた。

　財投債は，財政規律確保の観点から，一般会計と区分経理した新しい特別会計の下で発行され，発行限度については国会の議決が必要とされる。財投債の調達金利は，市場に連動した条件で行うこととされ，貸付金利に

ついては，貸付期間に応じ，国債の市場金利を基準として償還形態も勘案して設定し，10年毎の金利見直しを選択することができる。

2001(平成13)年4月に「資金運用部資金法等の一部を改正する法律[3]」の施行に伴い，2001年度の財政投融資計画から新制度が実施されることとなった。財投機関債が発行できない組織については，市場から評価されないことと同義と見なされ，財政当局からも財投債の貸し付けを行う前提として財投機関債を発行することが強く求められた。いずれは廃止又は他の組織との統合・再編を求められることを余儀なくされるという基本的な枠組みの中で，環境事業団が実施してきた環境対策としての緑地整備事業においても，事業そのものの存続が特殊法人改革等の議論と平行してゼロベースで行政改革の遡上に乗って検討されていくこととなった。

2. 政策評価と政策コスト分析について

2000(平成12)年7月に財政首脳会議がまとめた「平成13年度の概算要求に当たっての基本的指針について」には，「政策評価」として「概算要求に当たり，各施策の意図・目的，政策手段の適正性，達成効果・達成時期等を具体的に検討し，施策ごとに明示する」ことが決定された。1997(平成9)年11月の資金運用審議会懇談会のとりまとめ[1]を踏まえ，財政当局より環境省を通じて環境事業団に「政策コスト分析」を行うよう要請があった。財政健全性の確保，財政投融資の対象分野・事業の見直しに資するため「政策コスト」を定量的に把握し，公表することとされた。ここに，「政策コスト」とは，財政投融資を活用している事業の実施に伴い，今後当該事業が終了するまでの間に国(一般会計等)からの投入が見込まれる補助金等の総額を，「割引現在価値」として，一定の前提条件に基づいて仮定計算したものであり，具体的には以下のような推計値を合計したものである。

①国(一般会計等)からの補助金，補給金，交付金は，毎年の投入額を割引現在価値に換算する。

②国(一般会計等)からの出資金，無利子貸付金は，分析の最終年度までに国に返還されるものとみなし，その間の機会費用(出資金，無利子

貸付金を他の用途に使用すれば得られたであろう利益に相当する額)は国からの補助金等と同様の経済効果を持つことから，これについて割引現在価値に換算する。

③国(一般会計等)への納付金，配当等は，国への資金の移転であることからマイナスの補助金とみなし，割引現在価値に換算する。

　この「政策コスト分析」において，事業の社会・経済的便益についての定量的分析が求められたことから，緑地関係整備事業については建設省(現国土交通省)の「大規模公園に係る費用対効果分析手法マニュアル[4]」を参考として，簡便な費用便益分析が行われた。この便益分析計算では，緑地の有する価値を「直接利用価値」と「間接利用価値」とに区分し，前者を「旅行費用法」，後者を「代替法」を用いて分析が行われた。 分析結果は，その後の財政投融資制度改革における政策コストの資料として検討が進められた。なお，筆者らが，第2章において2004年度に兵庫県の姫路地区の緩衝緑地事業を対象に費用便益分析を行った結果[5]では，総費用は837億円，総便益は2,115億円と算出され，費用便益比(B/C)は2.53という結果を得ている。

3. 特殊法人等改革における緑地関係事業の整理合理化

　2000(平成12)年12月に「行政改革大綱[6]」が決定され，特殊法人等の改革は，新たな時代にふさわしい行政組織・制度への転換を目指す観点から，今後の行政改革の最重要課題のひとつとして位置づけられた。2001(平成13)年1月には行政改革推進事務局(以下「事務局」)が発足し，特殊法人等の業務，組織の見直し作業がスタートした。同年3月には事務局から環境省他関係省庁，環境事業団に対してヒアリングが行われ，同年4月に行政改革推進本部[補注3]に対して事務局がとりまとめた「特殊法人等の事業見直しの論点整理[7]」の報告がなされた。

　この後，6月には事務局より同本部に対して「特殊法人等の事業見直しの中間とりまとめ[8]」が提出され，特殊法人等の事業見直しの方向性と検

討の対象となり得る事業が示された。この中間とりまとめにおいて，環境事業団の建設譲渡事業については「国もしくは官として関与の必要性が乏しくなっていると認められる場合には廃止，地方公共団体への移管あるいは民間事業化」等の見直しを行うとの指摘を受け，その後緑地整備事業について事務局から「廃止し，地方公共団体の技術者が不足している場合には，当面，国から地方公共団体への出向で対応。」との見直し案が出され，8月には事務局から特殊法人等改革推進本部[補注4)]に報告された「特殊法人等の個別事業見直しの考え方[9)]」において事務局見解と各省庁の見解が両論併記され，公表されている。

　2001（平成13）年8月の閣僚懇談会において，小泉総理（当時）から全閣僚に対して，「特殊法人について，廃止・民営化を前提にゼロベースからの見直しに精力的に取り組んで頂きたい」との指示が出され，事務局より特殊法人等の廃止・民営化について環境省に対して調査依頼があり，環境省は①事業団を廃止できない理由，②他の運営主体に移管できない理由，③民営化する場合に必要な措置，について見解をとりまとめ，9月に事務局に回答している。事務局では，各府省からの回答を「特殊法人等の廃止又は民営化に関する各府省の報告[10)]」としてとりまとめ，公表している。この報告において，環境省は事務局に対して，緑地整備事業については，「地方公共団体で技術者が不足している現状においては，直ちに廃止は困難」との認識の下で，「今後は，地球温暖化対策や自然再生などの環境保全効果の高い緑地，施設の整備に限定する等見直しを行う」として，「地方公共団体が実施困難な事業について，地方公共団体に代わり，事業を行うものであり，本来，地方公共団体が行政主体として行うべき事業を代行するという性格の業務」であり，「地方公共団体や民間への移管は困難」と回答している。しかし，この回答からは，環境政策上緊急性，重要性を有する国としての関与と専門機関へのアウトソーシングの必要性への認識が欠如していると思われる。

　翌10月には，8月の個別事業見直しの考え方[9)]を各法人に当てはめ，未だ検討中としつつ，事務局は組織見直しについて現時点における方向性を「特殊法人等の組織見直しに関する各府省の報告に対する意見[11)]」とし

てとりまとめ，特殊法人等改革推進本部に提出した。この中で，環境事業団の組織については「引き続き整理合理化について検討」を行うこととされた。

2001（平成13）年12月には，「特殊法人合理化等整理合理化計画[12]」が閣議決定され，この中で環境事業団の組織形態は，「特殊会社」に移行し，緑地整備事業については「一定期間経過後，廃止を含めた組織の見直しを行う」ことが決定された。この計画を踏まえ，2002（平成14）年度予算内示では，新規事業は財投対象外とされ，実質的に継続中を除き事業の廃止が確定した。特殊法人等改革に関して，2000年12月に「行政改革大綱[6]」が閣議決定され，2001年12月に「特殊法人等整理合理化計画」が閣議決定されるまでの約1年間における行政改革事務局と各省庁との協議は目を見張るものがあり，特殊法人等改革の方向性が結論を得るに至り，その意味では2001（平成13）年は特殊法人等改革において大きな歴史的転換点と見なすことができる。この特殊法人等改革の議論の結果を経て，戦後の高度成長下で環境対策として緩衝緑地の整備を推進し，その後，地球温暖化対策や産業廃棄物最終処分場跡地の環境保全等を進めてきた環境事業団の緑地整備事業も終息を迎えることとなる。

3.1 「行政改革大綱」を踏まえた事業・業務の見直し

21世紀の我が国経済社会を，より自由かつ公正なものとするため，これまでの国・地方を通ずる行政の組織・制度の在り方，行政と国民との関係等を抜本的に見直し，新たな行政システムを構築する必要があるとの基本認識の下，2000（平成12）年12月に「行政改革大綱[6]」が閣議決定され，2005（平成17）年までを一つの目途として行政改革を集中的・計画的に実施することとなった。

具体的には，「事業及び組織形態の見直し」として，すべての特殊法人等の事業及び組織の全般について，内外の社会経済情勢の変化を踏まえた抜本的見直しを行うこととして，2000年度中には講ずべき措置を定めた「特殊法人等整理合理化計画[12]」を策定するとともに，同計画を実施するため，2005年度末までの「集中改革期間」内に，法制上の措置その他の

必要な措置を講ずることとが示された。また，個別の事業の見直しとしては，以下の基準により具体的な事業の仕組み，事業実施の方法・手段等に遡った見直しを行い，廃止，整理縮小・合理化，民間・国その他の運営主体への移管等，整理合理化を図るとしている。

　2000（平成12）年12月の「行政改革大綱[6)]」を踏まえ行政改革推進事務局（以下「事務局」という。）が77の特殊法人86の認可法人を対象に行ったヒアリング結果に基づき，同大綱の10項目の見直し基準を踏まえ，同事務局において事業類型別に論点を整理し，「特殊法人等の事業見直しの論点整理[7)]」としてまとめられ，2001年4月に行政改革本部に報告，了承された。特殊法人等改革においては，政策の必要性，事業手法の合理性等の観点から，事業の内容はもちろんのこと，その仕組み，更には子会社等を含む事業実施の方法に遡った上で，ゼロベースから厳しい事業見直しを行うことが大前提とされ，その上で各法人の組織形態の在り方を検討することとされた。特殊法人等の性格や機能の類似性等から，概ね18の事業類型と76の論点に整理されている。事業団の緑地整備を含む建設譲渡事業については，「公共公物等」のうちの（公共公物等建設・譲渡・貸付）に区分され，事務局より以下の論点が示された。

「（公共公物等建設・管理）
　公共の用に供する営造物（道路，空港，ダム等）を建設し，一般の利用に供させるため管理するもの。
（公共公物等建設・譲渡・貸付）
　建築物の敷地の整備，宅地の造成，建築物の建設等を行い，それを第三者に貸付又は譲渡するもの。

〈論点〉
①借入金等により事業を行い，事業完了後，事業収入により事業費を回収する長期的事業については，採算性に問題はないか。また，採算性の見通しが適切・妥当か。
②社会経済情勢の変化等により，当初の計画どおり事業が進捗しなかった

り，採算性に問題が生じたりしていないか。

③一部の利用者からの収入により他の利用者のための事業費が賄われることなどによる不公平が過大になっていないか。

④社会経済情勢の変化等により，既に事業の意義が乏しくなっていないか。

⑤国の直轄事業との役割分担が明確かつ適切か。

⑥当初，国家的事業としての位置づけ等から国が関与している事業について，現時点においても依然国の関与の必要性が明確になっているか。

⑦地方公共団体，他の特殊法人，民間等において類似の事業が行われているものについては，事業を実施すべき必要性が明らかになっているか。また，事業間の調整がなされているか。

⑧国の命令・指示により実施する事業については，国の政策としての必要性にまで遡って議論する必要性があるのではないか。」

3.2 「中間とりまとめ」と個別事業の見直し

各特殊法人等の事業について，①事業そのものの政策的必要性，②仮に事業の必要性が認められるとしても当該特殊法人等において行うことの妥当性，を中心に事務局が各省庁に行ったヒアリングの結果に基づき，2001（平成13）年6月に「特殊法人等の事業見直しの中間とりまとめ[8]」として公表され，事業見直しの方向性が示されるとともに，検討の対象となる特殊法人等の事業が掲記された。

この「中間とりまとめ[8]」においては，政府として「聖域なき構造改革」の一貫として，特殊法人等改革について「民間に委ねられるものは民間に委ね，地方に委ねられるものは地方に委ねる」との基本原則のもと，特殊法人等をゼロベースから見直しが行われ，財政支出の大胆な削減を目指すこととされた。2001年6月に「特殊法人等改革基本法」が成立したこと等を踏まえ，同法に基づいて設置された特殊法人等改革推進本部（本部長：内閣総理大臣）を中心に，政府として特殊法人等改革の抜本的推進に全力をあげることが確認された。さらに，2002（平成14）年度予算からこれらの見直し結果等が反映されるように同法に定められた「特殊法人等整理合理化計画」の策定の前倒しについても，検討が進められることとなった。

このような状況の下で，環境事業団の建設譲渡事業については，「中間とりまとめ[8]」における「公共用物等」の中で以下のような指摘を受けている。

「・事業完了後，売却益等により事業費を回収する事業（公共用物等建設・譲渡・貸付事業）について，①採算性の現状及び見通しに関し，資産の状況等を含め情報公開するとともに，②社会経済情勢の変化等により，当初の計画どおり事業が進捗しないなど，採算性に問題がある場合には，廃止も含め採算性の確保のための事業の見直しを検討する。

・官と民，国と地方の適切な役割分担，国と特殊法人等との役割分担の明確化，さらには他の特殊法人等の行う類似事業との間の整理・合理化を図る観点から，

<u>①国もしくは官として関与の必要性が乏しくなっていると認められる場合には，廃止，地方公共団体への移管あるいは民間事業化</u>

<u>②国として実施することが必要な場合には国の直轄事業への移行等</u>

<u>③特殊法人等の間の事業の統合・調整</u>

　などの見直しを行うことを検討する。」[10]

(注)下線は筆者による。

　環境事業団の緑地整備事業については，上記下線部の①に該当する事業として，後日事務局より以下の指摘を受けたのであった。

　○緑地整備関係建設受託事業については，廃止し，地方公共団体の技術者が不足している場合には当面，国から地方公共団体への出向で対応。

　2001（平成13）年6月の「中間とりまとめ[8]」において示された類型別事業見直しの方向性を，全ての特殊法人等の個別の事業に当てはめて作業を行った結果について，同年8月に事務局では「特殊法人等の個別事業見直しの考え方[9]」をとりまとめ，行政改革推進本部に報告・了承された後，その内容を公表している。

この「考え方」は，2005（平成 17）年度までの集中改革期間内に実現される
べき特殊法人等の事業の基本的な見直し方策を示したものであり，「①
2002（平成 14）年度概算要求において本「考え方」の内容をできる限り反
映させること，②2001（平成 13）年内に「特殊法人等整理合理化計画」を
策定すること，③このような事業の見直しを踏まえて各法人の組織につい
て，原則として廃止，民営化を前提とした徹底した見直しを行うこと」が
必要としている。

　個別事業の見直しとして，環境事業団の「緑地整備関係建設譲渡事業」
についての事務局見解は，基本的に「中間とりまとめ[8]」後に環境省，国
土交通省に示された見解を踏襲したものであり，具体的には以下のとおり。

（事務局意見）
○本来は地方公共団体の事務であり，現に事業継続中のものを除き廃
　止する。地方公共団体に本事務を担える人材がいないならば，当面，
　国から地方公共団体への出向で対応する。

　2001（平成 13）年 9 月に公表された「特殊法人等の廃止又は民営化に関
する各府省の報告[10]」，経済財政諮問会議において公表された改革工程表
の中で，道路四公団，都市基盤整備公団，住宅金融公庫，石油公団の廃止，
分割・民営化等については，総理からの指示により，他の法人に先駆けて
結論を得ることとされたこと，等を踏まえ，事務局としても見直し作業の
一環として，組織見直しについて一定の方向性を示すため，事務局では「各
府省の報告」の概要を併記し，同年 10 月に「特殊法人等の組織見直しに
関する各府省の報告に対する意見[11]」としてとりまとめ，公表した。この
中で，事務局からの意見として環境事業団については「引き続き整理合理
化について検討する。」との意見が提示された。

3.3　「特殊法人等整理合理化計画」における位置づけ

　2001（平成 13）年 12 月には特殊法人等改革推進本部において，特殊法人
等改革基本法に基づく「特殊法人等整理合理化計画（以下「整理合理化計

画¹²⁾」という。)」がとりまとめられ，閣議決定された。この計画において
は，163の特殊法人及び認可法人を対象に，①事業及び組織形態の見直し
内容を個別に定めるとともに，②各特殊法人等に共通的に取り組むべき改
革事項について定めている。同計画の実現により，国の政策実施機関以外
の法人として整理すべき共済組合45法人を除く118法人について，17法
人が廃止，45法人が民営化等，38法人が独立行政法人化することが決定
した。また，同計画では「組織形態についても，原則として2002(平成
14)年度中に，法制上の措置その他必要な措置を講じ，2003(平成15)年度
には具体化を図ること」とされた。

　環境事業団の組織形態並びに緑地整備事業については，「整理合理化計
画」においては以下のような整理がなされた。すなわち，「各特殊法人等
の事業及び組織形態について講ずべき措置」として，
　①環境事業団の建設譲渡事業のうち緑地整備事業については，「一定期
　　間経過後，廃止を含めて見直しを行う」こととされた。
　②また，組織形態については，「特殊会社とする(平成27年度までに，
　　廃止又は民営化を含めた組織の見直しを行う。)」とされた。

　緑地整備事業については，これを文字通り解釈すれば，遅くとも2015(平
成27)年度までに廃止又は民営化を含め，見直しを行うことと解されるの
であるが，2002(平成14)年度予算の財務省からの予算原案内示において
事業そのものの存続を左右するような重要な決定がなされたのであった。
　2001年12月に環境省を通じて，2002年度予算及び財政投融資計画につ
いて財務省原案内示が環境事業団に対して通知された。これによると，①
「特殊法人等整理合理化計画」により，特殊会社に移行すること，②融資
条件が変更されたことを踏まえ，現行事業は特殊会社への移行時までに終
了させる等，事業の実施期間，償還条件等について特殊会社への円滑な移
行を妨げないように適切なものとすること，が通知されたのであった。ま
た，「財投内示要旨」として，①2002(平成14)年度以降，新規事業地区は
財投対象外とする。②財政融資資金の融資条件として 償還期限5年以内(2
年以内の据置期間を含む。)とすることが併せて通知された。

ここで，環境事業団の緑地整備事業の基本的方向を左右する決定的事項となったのが，前者の「現行事業は特殊会社への移行時までに終了させる」としている点と，後者の「平成14年度以降，新規事業地区は財投対象外とする」という一節である。仮に，緑地関係の建設譲渡事業については事業の性格上自己資金である財投機関債を発行して調達すると，地方公共団体の地方債の原資である財投債の発行条件より金利が上乗せとなり，コスト増となることから，事業そのものの成立は極めて困難となり，事業の存続は困難となる。「現行事業は特殊会社へ移行時までに終了」としたことは，特殊会社には一切債務を引き継がないことを明確にし，債務が残るような新たな国の財政融資は行わないことを宣言したものと解することができる。

　特殊法人等改革の組織見直しは，あくまで「廃止又は民営化」を前提として整理が行われ，それ以外は国の直接事務か地方の事務に振り分けられ，行政改革事務局では一貫して環境事業団の緑地整備事業は「地方の事務」として整理し，かつ緑地整備事業を担う人材についても必要により「国からの出向」によって対処することとされた。わが国の公害対策以来，環境対策に先取的に取り組み，わが国の産業と経済の発展，国民の生活環境の改善に多大の貢献を成した事業団の実績とそれを支えた緑化の技術・人材への評価については，市場での価値が重視され，組織の見直しのプロセスにおいてほとんど顧みられることはなかったと言えよう。

まとめ

　本章では，郵政民営化へ向けた財投改革と一体的に進められた特殊法人等改革の中で，「公害対策は地方の事務」として整理され，かつ人的支援は国の直営によるとの行政改革事務局並びに行政改革本部の決定により，廃止に至った事業団の緑地整備事業について，廃止に至るまでの経過を財投改革並びに特殊法人等改革に係る行政資料を基に，その経過を振り返り，環境事業団の緑地整備事業が公害防止等のわが国の環境政策に果たした役割と意義について，評価と検証を試みた。1966(昭和41)年に制定された

公害防止事業団法に基づき，事業団は国の公害防止計画に位置付けられた緩衝緑地の整備をほぼ一元的に担ってきた。事業団による建設譲渡事業の整備手法により，わが国における都市の基盤を形成し，永続性を有する公的な緑地ストックを着実に蓄積してきたことは，わが国の環境政策の上からも特筆すべき成果であり，戦後の都市の緑地政策においても重要な位置を占めたことについては，より積極的に評価されて良いと考えられる。

事業団の緑地整備事業では，財政投融資資金による長期低利の有利子資金と国庫補助金により，安定的に事業を推進していくための財政支援措置[4]が確保されるとともに，これと一体的に事業団の技術力によって培われた事業を着実に遂行してきた技術的支援措置とを車の両輪として，緑地の整備を国の立場に立って事業団自らが都市計画の施行者となり，効率的に緑地を整備してきたのであった[5),6)]。

特殊法人等改革の基本方針としては，「廃止か民営化」が前提となったのであるが，環境事業団の緑地整備は，財政基盤の脆弱でかつ緑地整備を担う専門の技術者を擁しない地方公共団体にとっては，初期の財政負担を軽減するとともに，譲渡契約により，人材としても事業団が現地に建設事務所を設置して，施工監理により適切かつ早期に緑地の整備を可能とした。この建設譲渡方式による緑地整備は，事業団独自の整備手法であった。

近年は，地球温暖化防止や生物多様性の保全等の地球規模の環境対策に対して，環境技術として上記の公害対策で培ってきた技術力を活かして，わが国も国際的な協調と連携の下で，積極的に国際貢献が期待できる分野と言える。特に，隣国の中国では近年，経済成長を維持する一方で，環境保全のための措置が適切に行われずに，PM2.5等の環境問題が顕在化しており，その影響は海を隔てわが国まで及んでいることが，大気中の計測結果から明らかになっている[13]。事業団の緑地整備事業を始めとする建設譲渡事業は，早期かつ適切な緑地整備を可能とし，自然との共生が図られた持続可能な都市社会を実現していく緑地基盤(グリーンインフラ)を形成する上で有効であり，中国等へのグローバルな環境対策への技術移転を図る等わが国の国際貢献が可能であると考えられる。

補 注

1) 「中央省庁等改革基本法」第 20 条第 1 項第 2 号において，財務省は「財政投融資制度を抜本的に改革することとし，郵便貯金として受け入れた資金及び年金積立金に係る資金運用部資金法第 2 条に基づく資金運用部への預託を廃止し，並びに資金調達について，既往の貸付けの継続にかかわる資金繰りに配慮しつつ，市場原理にのっとったものとし，並びにその新たな機能にふさわしい仕組みを構築すること。」と規定されている。

2) 「特殊法人」とは，政府が必要な事業を行おうとする場合，その業務の性質が企業的経営になじむものであり，これを通常の行政機関に担当させても，各種の制度上の制約から能率的な経営を期待できないとき等に特別の法律によって独立の法人を設け，国家的責任を担保するに足る特別の監督を行うとともに，その他の面では，できる限り経営の自主性と弾力性を認めて能率的経営を行わせようとする法人のことである。

3) 中央省庁等改革の成果をより確実なものとし，政府における行政改革の総合的，積極的な推進を図るため，2001（平成 13）年 1 月内閣に行政改革推進本部が設置された。（http://www.kantei.go.jp/jp/singi/gyokaku/）

4) 特殊法人等改革推進本部は，特殊法人等の改革の推進に必要な事務を集中的かつ一体的に処理するため，特殊法人等改革基本法に基づき，2001（平成 13）年 6 月に内閣に設置された。
http://www.kantei.go.jp/jp/singi/tokusyu/

引用文献

1) 資金運用審議会懇談会，財政投融資の抜本的改革について：
http://www.mof.go.jp/about_mof/councils/unyosin/report/1a1502.htm
2) 大蔵省理財局，財政投融資制度の抜本的改革案（骨子）：
http://www.chihousai.or.jp/07/02_01.html
3) 資金運用部資金法等の一部を改正する法律：
http://www.shugiin.go.jp/internet/itdb_housei.nsf/html/housei/h147099.htm
4) 建設省都市局公園緑地課監修（1999）『大規模公園費用対効果分析手法マニュアル』，（社）日本公園緑地協会，43pp.
5) 鈴木弘孝・高橋寿夫（2004）緩衝緑地整備の事業効果分析，環境情報科学論文集 No.18，349-354
6) 閣議決定，行政改革大綱（平成 12 年 12 月 1 日）：
http://www.gyoukaku.go.jp/about/taiko.html

7) 行政改革推進事務局特殊法人等改革推進室，特殊法人等の事業見直しの論点整理（平成 13 年 4 月 3 日）

http://www.gyoukaku.go.jp/jimukyoku/tokusyu/ronten/

8) 行政改革推進事務局，特殊法人等の事業見直しの中間とりまとめ（平成 13 年 6 月 22 日）

http://www.gyoukaku.go.jp/jimukyoku/tokusyu/torimatome/

9) 行政改革推進事務局，特殊法人等の個別事業見直しの考え方（平成 13 年 8 月 10 日）

http://www.gyoukaku.go.jp/jimukyoku/tokusyu/kangae/about.html

10) 行政改革推進事務局，特殊法人等の廃止又は民営化に関する各府省の報告（平成 13 年 9 月 4 日）

http://www.gyoukaku.go.jp/jimukyoku/tokusyu/houkoku/

11) 行政改革推進事務局，特殊法人等の組織見直しに関する各府省の報告に対する意見（平成 13 年 10 月 5 日）

http://www.gyoukaku.go.jp/jimukyoku/tokusyu/1005iken/

12) 閣議決定，特殊法人等整理合理化計画（平成 13 年 12 月 18 日）：
http://www.gyoukaku.go.jp/jimukyoku/tokusyu/gourika/

13) 環境省，環境省大気汚染物質広域監視システム：
http://soramame.taiki.go.jp/

終　章

　本書では，「自然と人間との共生」を主要テーマとして 1990 年に開催され，この理念を広く海外に向けて発信した花の万博 EXPO'90 にスポットを当て，理念発信の歴史的意義とその後の普及状況を振り返りつつ，理念継承のさまざまな取り組みと影響について俯瞰的に概括した。次に，自然と人間の共生の場として都市空間での緑を取り上げ，公開空地の緑や近年普及が進みつつある建物の屋上緑化の公開性と壁面緑化の心理的効果，1960 年代にわが国の産業公害への防止対策として工事用地帯と住宅地域と工場地帯を分離し，都市の基盤（インフラ）となる緑地形成を図った緩衝緑地の整備について，わが国の環境行政に果たした役割とその後の樹林構造の変容，特殊法人等改革と緑地整備事業の廃止等について検証と評価を行った。

　第Ⅰ部では，花の万博 EXPO'90 の理念である「自然と人間との共生」が，国際博覧会の場で広く内外に発信された経緯とわが国の環境政策上では今日 SDGs の目指す「持続可能な社会」を形成していく上において，「自然共生社会」として「低炭素社会」，「循環型社会」とともに主軸となる概念を構成している。一方，全国レベルで展開されている花のまちづくりコンクールや都市緑化フェア等のイベントから，市民レベルのガーデニングにいたるまで，多様な花と緑に身近に触れ合い，親しむ取組みに普及し，さらにはまちづくり等における新たな「公共」概念の拡大に顕著に理念継承の成果を確認することができた。

　第Ⅱ部では，「伝統園芸植物」の保存の現状と課題を把握することにより，今後の伝統園芸植物の保存と継承を進めるための基礎的資料を得ることを目的に伝統園芸植物を保有している日本の主要な植物園と保存活動を行っている団体を対象にアンケート調査を実施した。調査の結果，保存の現状については植物園で保存を行っているのは 67 機関のうち 33 機関であり，

保有する植物は花の咲く植物の多いこと，保存団体では保存対象の植物について多くの品種を保存しているが，機関や団体のいずれも保存していない21種類の植物については消失の危機にあることがわかった。今後の保存・継承上の課題として，栽培技術をもった人材の育成や伝統園芸植物の品種確定・登録方法に関する統一的な仕組みの整備が指摘できる。

　第Ⅲ部では，人間居住の場としての都市と自然の関係について，高層建築群による都市再開発の中で生み出された公開空地の緑とオープンスペース，近年普及しつつある建物の屋上や壁面の緑化を対象に，屋上緑化の公開性，壁面緑化による癒し効果などについての検証を行った。

　第1章では，東京都23区内を対象に，特定街区制度と総合設計制度とによって創出された公開空地の変遷と緑化の実態について検討した結果，都心部においては公開空地が都市公園等の公的オープンスペースの量的な不足を補完していること，敷地・街区面積と公開空地面積との間には正の相関がみられ，公開空地面積と緑化面積の間には正の相関は認められたが，公開空地の確保が必ずしも緑化率の向上には結びついていないことが明らかとなった。

　第2章では，緑化面積100㎡以上の建築物を抽出して，屋上緑化施設の公開性，植栽形態，利用の実態等について所有者にアンケート調査を行った結果，調査の対象とした屋上緑化施設の約半数の建物では，公開により利用も可能となっており，公開している施設数では公共施設よりも民間施設が高い比率を示したが，公開された面積では公共施設が全体の約8割を占めていた。また，屋上緑化の主な利用形態としては，公共，民間とも庭園利用が最も多く，緑化の植栽形態として，高木又は中木が植栽されている比率は，公共施設よりも民間施設の方が高い比率を示すとともに，㎡当たりの建設費，維持管理費についても同様の傾向が見られた。民間施設では主にデパートの屋上などの商業施設等で企業イメージの向上や集客にも直結することから，公共施設に比して高い管理水準の維持が図られているものと思われる。

　第3章では，大学キャンパス内に設置されている緑化壁とコンクリート

壁を実験対象物として，座位と歩行の二つの行動パターンで被験者に眺めてもらい，壁面緑化のもたらす心理的効果について POMS 試験と SD 調査，STAI Y-2 調査のアンケート調査を行った。調査の結果，座位と歩行のいずれの場合においてもコンクリート壁よりも緑化壁を眺めた場合の方が「緊張」等のネガティブな感情が抑制され，「友好」等のポジティブな感情が高まる傾向が確認でき，座位よりも歩行の方が「安定」の印象が高まる傾向が見られた。快適な都市の広場や街路空間の形成，ストレスの緩和等への壁面緑化の有効性が示唆された。

　第Ⅳ部では，戦後の高度経済成長期に産業公害が顕在化する中で，工場地帯と住宅地地域とを土地利用上の分離を図り，公害被害の防止を目的に設置された緩衝緑地（いわゆるグリーンベルト）の整備が果たした環境行政における意義と事業効果，植栽後の樹林構造の変容，特殊法人等改革における緑地整備事業廃止の経過について検証を行った。

　第1章では緩衝緑地の整備を担った共同福利施設建設譲渡事業を取り上げ，公害防止対策として当該事業が果たしたわが国の環境行政における意義と役割について事業制度面から検証した。公害防止事業団（その後環境事業団に改組）という専門機関の下で，国からの補助金等の財政支援措置と事業団による技術支援措置の点から早期の事業発現効果について検討した結果，ほぼ同規模の都市公園事業と比較しても平均事業期間は約4年という短期間で整備され，地方の財政負担も軽減されていた。財政力基盤と緑地整備の専門技術者を有しない地方公共団体にとって，公害対策として整備の緊急性を有する緩衝緑地を早期かつ技術的にも的確に整備し，緑地の環境保全効果を発現させる上において有効な整備手法であったと言えよう。

　第2章では緩衝緑地を整備してきた共同福利施設事業を対象として，事業効果の側面から姫路市の緩衝緑地を事例として，確率効用モデルを用いて事業効果についての費用対効果分析を行った。この結果，総便益に占める環境保全等の間接利用価値の割合が7割を占め，かつ地区全体での費用便益比が2.53となり，投資に見合った事業効果の発現を確認することができた。

第3章では公害防止事業団が整備した緩衝緑地の樹林形成に独自に適用された「パターン植栽」の手法に着目し，樹林の施工後約30年の時間経過に伴う樹林構造の変容の実態について，1978（昭和53）年の施工当時と2004（平成16）年時点の樹林の構造について比較・検討を行った。この結果，施工時における植栽本数については，植栽パターンの違いによる残存樹木数の相違は見られず，100㎡当たり約20本が残存していた。樹林構造は，植栽樹種の組み合わせにより林冠部を一種が占有し，亜高木層を被圧しているタイプと高木層と亜高木層とが共存しているタイプに区分された。当地の潜在自然植生構成種であるアラカシ，コジイの生長が顕著であり，林冠部を占有していた。これに対して，クスノキ，オオシマザクラ等は高木層での構成比が低く，当地での生長は良好とは言えない状態であった。調査の結果から，林幹部の被圧状況により植栽当時に計画されていた高木層・中木層・下木層よりなる「多種多層林」の形成は実現できていなかった。

　これは，公害防止事業団は整備段階のみに関与し，整備後は都市公園として地方公共団体に移譲されたため，植栽された樹林は樹種間競争に委ねられて推移し，間伐や枝打ちなどの管理作業もほとんど行われなかったため，樹林の林幹部が閉塞することで，日照も樹林内に届かず，下草や下層林の発達が被圧されたためと考えられた。このことは，人工的に整備された樹林を自然の推移に任せるのみでは，目標とする樹林帯の形成には至らず，適度な人為的な関与とモニタリングが適切に行われなければ，多種多様な階層からなる多様な樹林形成の実現は困難であることを示唆している。

　第4章では財政投融資（財投）改革並びにこの改革と一体的に進められた特殊法人等改革において，1960年代の産業公害の防止を目的として，生活環境の保全・改善を図るため，前身の公害防止事業団以来，事業団が実施してきた緩衝緑地等の緑地整備事業が，小泉政権下で郵政民営化と一体的に進められた「特殊法人等改革」における行政改革の中で，廃止に至った経過をまとめた。2001年12月に閣議決定された「特殊法人等整理合理化計画」において，当該事業は「本来は地方公共団体の事務」と整理された。事業団の緑地整備事業は，財投資金と国庫補助金による財政支援措置と事業団の緑化技術による技術的支援措置により環境対策としての緑地整

備を早期かつ効率的に行うため，国の立場から地方公共団体を支援する制度である。整備された緑地は永続性のある都市のグリーンインフラとして生活環境の保全と改善に寄与してきた。事業団による緑地整備手法は，環境対策としての緊急性を有する緑地の整備に対して有効であり，この整備手法はわが国がグローバルに貢献できる環境施策上の緑化技法として再評価することができるものと考えられる。

あとがき

　本書の執筆と編集に当たり，第Ⅰ部では花の万博 EXPO'90 当時の写真や公式記録の資料提供など（公財）国際花と緑の博覧会記念協会 企画事業部長の三谷彰一氏よりご協力を頂いた。第Ⅱ部の伝統園芸植物に関するアンケート調査と解析に当たり，㈱グリーンダイナミクス代表取締役の賀来宏和氏にご支援をいただいた。第Ⅲ部の公開空地の緑と建物緑化の効用について，第1章の公開空地に関する調査に当たっては，タム地域環境研究所代表取締役（当時）の秋山寛氏と同研究所（当時）の林洋一郎氏に多大のご協力をいただいた。また，第2章の屋上緑化施設に関するアンケート調査の実施に際して，（有）緑花技研代表取締役の藤田茂氏にご支援をいただいた。第3章の壁面緑化の心理的効果の研究計画と調査の実施に際して，千葉大学大学院園芸学研究院の岩崎寛教授から適切なご助言をいただくとともに，統計解析に際しては城西国際大学福祉総合学部の大内善広准教授（当時）に多大のご支援をいただいた。

　第Ⅳ部の緩衝緑地の整備を支えた共同福利施設建設譲渡事業の経緯については，（独）環境再生保全機構監査室長の村岡千秋氏より写真と関連資料のご提供をいただくとともに，第2章の事業効果分析に際して三菱総合研究所の主任研究員（当時）の高橋寿夫氏に効用関数モデルによる解析で多大のご協力をいただいた。また第3章の姫路地区における植生調査と土壌分析については㈱クレアラ調査部調査課長の臼井敦史氏に多大のご協力いただくとともに，樹木の生長動態の解析に際して公財地球環境国際生態学センター主任研究員（当時）の目黒伸一氏より有益なご助言を頂いた。本書は，その時々の筆者の取り組みに対して多大のご支援とご協力を頂いたこれら多くの方々との議論と協働の成果でもある。ここにお世話になった関係各位と関係機関の方々に記して深く感謝の意を表します。

本書の各章を加筆し，編集するに当たって使用した根拠論文等は以下の
とおりである。

第Ⅰ部　自然と人間との共生
　・鈴木弘孝(2015)花の万博の理念がもたらした社会的意義と効果—
　　自然と人間との共生—，城西国際大学紀要23(7)，1-15

第Ⅱ部　伝統園芸植物の保存と継承
　・鈴木弘孝(2011)日本における伝統園芸植物の保存と継承の現状と
　　課題，城西国際大学紀要　19(7)，21-32

第Ⅲ部　公開空地の緑と屋上緑化施設の公開性
　第1章
　・鈴木弘孝(2013)公開空地の実態と緑化の特性に関する研究—東京
　　都23区を対象として—，城西国際大学紀要21(7)，1-14
　第2章
　・鈴木弘孝・金甫炫・加藤真司・藤田茂(2011)屋上緑化施設の公開，
　　植栽形態ならびに費用に関する公共と民間の比較，ランドスケー
　　プ研究74(5)，451-456
　第3章
　・鈴木弘孝・大内善広・加藤真司・岩崎寛(2019)行動パターンと特
　　性不安の違いによる壁面緑化の心理的効果，日本緑化工学会誌45
　　(1)，133-138

第Ⅳ部　緩衝緑地と都市環境の保全
　第1章
　・鈴木弘孝(2004)緩衝緑地整備に果たした共同福利施設建設譲渡事
　　業の意義と役割に関する研究，環境情報科学論文集No.18，343-348
　・鈴木弘孝(2005)共同福利施設建設譲渡事業における財政支援措置
　　に関する研究．環境情報科学論文集No.19，123-126

第 2 章

・鈴木弘孝・高橋寿夫(2004)緩衝緑地整備の事業効果分析，環境情報科学論文集 No.18，349-354

第 3 章

・鈴木弘孝・臼井敦史・藤崎健一郎・田代順孝(2005)姫路市内における緩衝緑地内の樹林構造の評価に関する研究，日本緑化工学会誌 31(1)，9-14

・臼井敦史・鈴木弘孝・藤崎健一郎・田代順孝(2005)緩衝緑地形成におけるパターン植栽手法の効果，環境情報科学論文集 No.19，107-112

・鈴木弘孝・臼井敦史・目黒伸一(2007)植栽後約 30 年が経過した緩衝緑地内樹木の生長動態，環境情報科学論文集 No.21，59-64

・鈴木弘孝・臼井敦史・目黒伸一(2008)材積指数から見た植栽後約 30 年が経過した緩衝緑地の樹林構造特性，環境情報科学論文集 No.22，405-410

第 4 章　特殊法人等改革と緑地整備事業

・鈴木弘孝(2017)特殊法人等改革における緑地整備事業の取り扱い，城西国際大学紀要 25(7)，25-44

令和 6 年 4 月

鈴木　弘孝

〈著者略歴〉

鈴木　弘孝 (すずき　ひろたか)

1979年に千葉大学大学院園芸学研究科（修士課程）修了後，建設省（現 国土交通省）に入省。㈶国際花と緑の博覧会協会 政府出展課長，国営海の中道海浜公園工事事務所長，㈶2005年日本国際博覧会協会会場整備グループ長，(独)建築研究所上席研究員等を歴任。2008年に国土交通省を退官後，2010年より2019年まで城西国際大学環境社会学部教授，2013年より2016年は同学部長。

農学博士　技術士（建設部門）

主な著書：『緑と地域計画Ⅱ』（共著，古今書院，2011）・『壁面緑化による建築敷地・街区での温熱環境改善効果に関する研究』（単著，建築研究所，2007）・『市民ランドスケープの展開』（共著，環境コミュニケーションズ，2006）・『市民ランドスケープの創造』（共著，公害対策技術同友会，1996）・『造園の事典』（共著，朝倉書店，1995）・『造園施工管理（技術編）』（共著，(社)日本公園緑地協会，1995）・『都市公園におけるオートキャンプ場計画指針』（共著，(社)日本公園緑地協会，1994）

自然と人間との共生 —都市の緑と環境保全—

2024年4月7日　　初版発行

著　　者　鈴木 弘孝
発行・発売　株式会社三省堂書店／創英社
　　　　　〒101-0051　東京都千代田区神田神保町1-1
　　　　　Tel：03-3291-2295　Fax：03-3292-7687
印刷／製本　株式会社平河工業社